Karl-Heinz Müller / János Giber

ERNEUERBARE (ALTERNATIVE) ENERGIEN

Prof. Dr. Karl-Heinz Müller
Hochschule für Technik und Wirtschaft Südwestfalen
und
Wissenschaftlicher Leiter und Geschäftsführer des Instituts für Technologie- und Wissenstransfer an der Hochschulabteilung Soest

Prof. Dr. János Giber
TU Budapest, Institut für Atomphysik

Karl-Heinz Müller **János Giber**

ERNEUERBARE (ALTERNATIVE) ENERGIEN

Theoretische Potentiale, reale Zukunft der Energieversorgung

Unter der Mitwirkung von:

Ferenc Réti, Gábor Dobos und Nikolas Adrian Müller

Shaker Media
Aachen 2007

Bibliografische Information der Deutschen Nationalbibliothek
Die Deutsche Nationalbibliothek verzeichnet diese Publikation in der Deutschen Nationalbibliografie; detaillierte bibliografische Daten sind im Internet über http://dnb.d-nb.de abrufbar.

Erste Auflage

Printed in Germany.

ISBN 978-3-940459-01-5

Shaker Media GmbH • Postfach 101818 • 52018 Aachen
Telefon: 02407 / 95964 - 0 • Telefax: 02407 / 95964 - 9
Internet: www.shaker-media.de • E-Mail: info@shaker-media.de

Vorwort

Die Knappheit fossiler Brennstoffe, der Treibhauseffekt und seine bereits jetzt deutlich spürbaren Folgen beeinflussen nicht nur technologische, sondern auch soziale und politische Entwicklungen weltweit.

Die Antworten auf die sich daraus ergebenden Fragestellungen sind sehr zahlreich, aber auch sehr unterschiedlich und zum Teil widersprüchlich. Sie sind häufig politisch bzw. weltanschaulich geprägt. Dementsprechend sind auch die Strategien zur Bewältigung der Energieprobleme und der Eindämmung des Treibhauseffektes nicht immer zielführend.

Wir verbrauchen weltweit zunehmend mehr Energie mit fossilen Brennstoffen als Träger, wobei die Erschöpfung dieser Energiereserven klar erkennbar ist – was übrigens auch für Kernbrennstoffe, die mit den heute zur Verfügung stehenden Technologien erschlossen werden, gilt.

Die Nutzung regenerativer Energien wie Windkraft, Solarenergie, Geothermie, Wasserkraft und Biomasse – um nur einige zu nennen – scheint zunächst die Lösung für die zukünftigen Energieversorgungs- und Umweltprobleme (Treibhauseffekt und seine Folgen) zu sein. Die Verfügbarkeit der erneuerbaren Energien ist auf den ersten Blick mehr als ausreichend. Die zur Nutzung erforderlichen Technologien sind bereits heute schon weit entwickelt.

Für die Entwicklung von Handlungskonzepten mit großer ökonomischer und ökologischer Tragweite ist allerdings eine sorgfältige und objektive Bewertung der fossilen und regenerativen Energiepotentiale und deren Erschließung unbedingt erforderlich. Dabei gilt es auch, den zunehmenden weltweiten Energiebedarf, der zum Beispiel durch die enormen wirtschaftlichen Entwicklungen in Schwellenländern wie China und Indien mehr und mehr geprägt wird, zu berücksichtigen.

Die Autoren haben seit einigen Jahren Daten und Fakten über die weltweiten Energieszenarien gesammelt, zahlreiche Studien ausgewertet, sich mit den Technologien zur Erschließung der regenerativen Energiepotentiale auseinandergesetzt und eigene Berechnungen hierzu durchgeführt.

Diese Studien waren auch Grundlage für die Entwicklung von Konzepten für dezentrale Energieversorgungen unter besonderer Berücksichtigung erneuerbarer Energien. Umsetzung fanden diese Konzepte im Energiepark KonWerl (Kreis Soest) und bei dem Zwillingsprojekt Energiepark Benalup/Càdiz (Spanien). Im Energiepark KonWerl fand zum ersten Mal ein komplexes „Dezentrales Energiemanagementsystem“ (DEMS) Anwendung. Mit Hilfe von lernfähigen Systemen werden unter Berücksichtigung von Wetter- und Verbrauchsprognosen unterschiedliche Energieerzeugungssysteme (Biomasse, Windkraft, Solarenergie) optimal auf die Verbraucher eines Industrieparks abgebildet.

So entstanden eine Reihe eigener Studien zu den Themen Brennstoffzelle, Photovoltaik bzw. Solarthermie, Windkraft, Biomasse, Geothermie etc. Die Erstellung des Buchmanuskriptes wurde unterstützt durch die Herren ***Dr. F. Réti, G. Dobos (TU Budapest)*** und Herrn ***N. A. Müller (Hochschule für Technik u. Wirtschaft Südwestfalen)***, der im Wesentlichen den redaktionellen Teil bei der Erstellung des Buchmanuskriptes übernommen hat.

Themen des Buches wurden bereits zu einem Teil in Ungarisch veröffentlicht. Das Buch fand in Ungarn eine breite Anerkennung, insbesondere in der Politik sowie der Energiewirtschaft, und erhielt 2005 den ungarischen Industriepreis.

Die vorliegende Ausgabe wurde auf der Basis neuester Daten und Veröffentlichungen (Stand 1. Halbjahr 2007) überarbeitet. Weitere Themenschwerpunkte und Berechnungen zu Fallbeispielen wurden neu aufgenommen.

Die Arbeiten hierzu wurden im Atomphysikalischen Institut der TU Budapest unter Leitung von Prof. Dr. J. Giber sowie vom wissenschaftlichen Leiter des Instituts für Technologie- und

Wissenstransfer an der Hochschulabteilung Soest Prof. Dr. K.-H. Müller durchgeführt.

Die Autoren haben sich bemüht, auf der Basis von fachlicher Sachlichkeit und ohne politische bzw. weltanschauliche Beeinflussung die wesentlichen Aspekte der derzeitigen und zukünftigen Energieszenarien darzustellen.

Das Buch richtet sich an alle an diesem Thema interessierten Menschen, insbesondere aber auch an Entscheidungsträger auf allen Ebenen der Politik und der Industrie. Es soll einen Beitrag zur Versachlichung dieses so wichtigen Themas leisten.

Schülern und Studenten soll es einen soliden Einstieg in die Diskussionen um die zukünftige Energieentwicklung ermöglichen. Handlungsträgern aus Industrie und Politik liefert es fundierte Basisinformationen über die Möglichkeiten und Grenzen der vorhandenen fossilen und regenerativen Energiepotentiale.

Juli 2007

Soest K.-H. Müller

Budapest J.Giber

INHALTSVERZEICHNIS

1. EINLEITUNG (Prognosen, Szenarien)

Alle antropogenen (menschlichen) Tätigkeiten benötigen Energie in verschiedenen Formen. Diese sollen je nach Verbraucherzweck wie z.B. Wärme, mechanische Arbeit, Licht und Informationsübertragung möglichst optimal an den jeweiligen Bedarf angepasst werden und wirtschaftlich sein.

Energie wird aus **primären fossilen** (Kohle, Erdöl, Erdgas, Biomasse etc.) und nuklearen Energieträgern sowie aus **erneuerbaren Energiequellen** gewonnen. Die Nutzung erfolgt dann häufig in **sekundärer Form** (z.B. elektrische Energie, Kraftstoffe, Wärme, ...).

Die Problemfelder der Energieversorgung sind:

- Primärenergiebeschaffung
- effiziente Wandlungsprozesse
- Transport, Speicherung, Verteilung
- effiziente Energienutzung
- kontinuierliche Versorgung

Dies gilt im besonderen Maße für die erneuerbaren Energien.

Die o.g. Handlungsfelder der Energieversorgung sind mit Verlusten behaftet bzw. benötigen ihrerseits Energie. In vielen Fällen kann es aus ökonomischer und ökologischer Sicht sinnvoll sein, die benötigte Energieform in der Nähe zum Verbraucher in optimierten dezentralen Anlagen zu „erzeugen" bzw. bereitzustellen. Dies gilt im besonderen Maße, wenn erneuerbare Energien als primäre Energieträger zum Einsatz kommen. Dezentrale Energieversorgungen unter Berücksichtigung von regenerativen Energien — insbesondere bei Nutzung stochastisch verfügbarer Energiequellen (Wind, Sonne) — benötigen für einen optimierten Betrieb ein intelligentes Energiemanagement, das die Verbrauchs- und Erzeugungsprognose, die Minimierung von Emissionen, eine optimale Verfügbarkeit von Energie, wirtschaftliche Aspekte und ggf. den Austausch mit einem vorhandenen Netz berücksichtigt. Dieses umfassende Thema soll aber hier nicht weiter vertieft werden.

Die **erneuerbaren Energiequellen** sind nach menschlichem Ermessen unerschöpflich. Als regenerative Energiesorten bezeichnet man Solarstrahlung, Wind, Wasserenergie, die durch Photosynthese erstandene Biomasse (Wald, Pflanzen) und deren Sekundärprodukte. Die Gravitations- und Wasserkraftwerke sind im obigen Sinne ebenfalls eine Art der erneuerbaren Energiequellen, werden aber in den Statistiken der Europäischen Union (EU) separat aufgeführt. Da die EU in ihren Förderprogrammen davon ausgeht, dass diese Energiepotentiale nahezu erschöpft sind, erfolgt zurzeit auch keine Förderung mehr.

Die sekundäre Energieproduktion bzw. der Verbrauch **verteilen sich im Wesentlichen auf: a) *el. Energie*, b) *Wärme*** und **c) *Treibstoff.***

In den Industrieländern ist die Verteilung wie folgt:

a) el. Energie 50 % (weltweit 34 %), den Wärmeverlust bei der Erzeugung mit $\eta_e = 0{,}35$ eingerechnet

b) Wärme 20 %

c) Treibstoff 30 %

Üblicherweise wurden bisher die erneuerbaren Energien in den Statistiken unter der el. Energieproduktion subsumiert. Jedoch gewinnen die erneuerbaren regenerativen Energien bei der direkten Wärmeproduktion (z.B. thermische Nutzung von Biomasse, Solarkollektoren, Geothermie) sowie bei der Treibstoffherstellung zunehmend an Bedeutung.

Nach allgemein anerkannten Prognosen nimmt der **Weltenergiebedarf** stetig zu. Zeitlich begrenzte Ausnahmen ergeben sich z.B. nach wirtschaftlichen Krisensituationen für betroffene Regionen. Die wirtschaftliche Wachstumsrate variiert analog der Energienachfrage. In Zeiten größeren wirtschaftlichen Aufschwunges (wie z.B. bei der ersten Industrialisierung) steigt auch der Energieverbrauch. Im Jahr 2000 hat der globale primäre Weltenergiebedarf 400 EJ ($400 \cdot 10^{18}$ J) erreicht und wird in den nächsten 50 Jahren etwa um 2 % pro Jahr wachsen.

Nach Angaben der IEA[1], WEC[2] und Shell International Limited (s. Tabelle1.2) erreicht der Weltenergiebedarf im Jahre 2025 640 EJ und in 2050 990 EJ, in 2100 2600 EJ. Die fast stabile Wachstumsrate in diesem Zeitraum wird durch die Zunahme der Weltbevölkerung und durch den nachhaltigen wirtschaftlichen Aufschwung der größten Entwicklungsländer, wie z.B. China, Indien, Brasilien, Indonesien bestimmt. Die **Bevölkerungszahl** der Welt erhöht sich nach konservativen Prognosen von 6 Mrd. Menschen (2000) auf 9 Mrd. Menschen (2050); allerdings soll ***dann*** das Bevölkerungswachstum eine Sättigung erreichen. Es ist davon auszugehen, dass der wirtschaftliche Aufschluss der Entwicklungsländer an die Industrienationen das Populationswachstum dämpft, und durch die starke wirtschaftliche Entwicklung und dem damit verbundenen Wohlstandswachstum in diesen Ländern höchstwahrscheinlich zu diesem Zeitpunkt nahezu abklingt.

Das zurzeit noch unaufhaltbare Wachstum von Bevölkerung und Wirtschaft konfrontiert uns mit der Tatsache, dass **die fossilen und auch die Uranreserven eindeutig limitiert[3] und geographisch ungleichmäßig verteilt sind** (s. Kapitel 10).

In den kommenden Jahrzehnten ändern sich auch die **Primärenergiestrukturen ebenso wie die Handelspreise.** Eine Strukturprognose von 2002 zeigt die Abb. 1.1 bzw. Tabelle 1.2 [Shell Scenarios to 2050].

Zwischen der Primärenergiestruktur und den Preisen besteht eine direkte Wechselwirkung, die ihrerseits wieder von dem Verbrauchermarkt, den Abbaupreisen, den verfügbaren Reserven und von ökologischen, ökonomischen und politischen Faktoren (OPEC-Abbauvereinbarungen, Börse etc.) abhängig sind. Die Primärenergiestruktur ist demnach stark von finanziellen (Preise, Steuern), zunehmend aber auch von ökologischen Bedingungen (Reduktion von CO_2-Emission) geprägt.

---

[1] International Energy Agency
[2] World Energy Council
[3] Weil eine Erhöhung der Anzahl von Erzeugungsreaktoren international verboten ist, schrumpft der Nutzwert der Uranreserven auf einen Bruchteil.

Die Erdgaspreise sind derzeit mit den Ölpreisen gekoppelt. Ende 2006 lagen die typischen OPEC-Erdölpreise im Nahen Osten etwa bei 70 $ / barrel, die Gaspreise der russischen Lieferungen etwa bei 300 $ / 1000 m³.[4] Das entspricht einer Steigerung von etwa 300 % in den letzten 50 Jahren. Bei der Betrachtung der nächsten 50 Jahren könnten stufenweise ähnliche Steigerungen angenommen werden.

Die Änderung der Primärenergiestruktur (1850-2050). In der Abbildung ist die Summe aller Energieanteile zu jedem Zeitpunkt auf 100% normiert.

Abb. 1.1

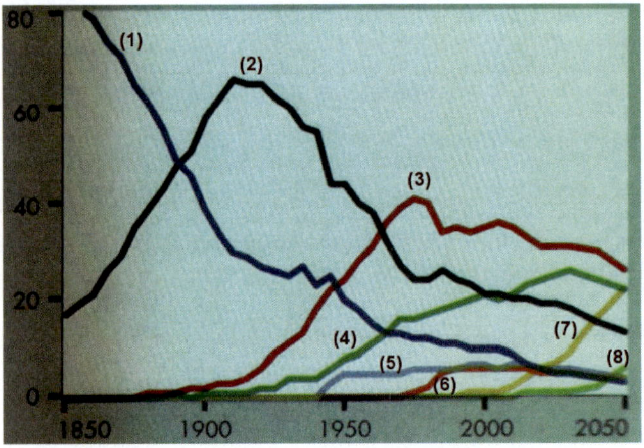

Traditionelle (Holz etc.) Heizung (1)	Erdgas (4)	Erneuerbare (7)
Kohle (2)	Wasserkraft (5)	Biotreibstoffe (8)
Erdöl (3)	Nuklear (6)	

Die maximalen **Versorgungsgrenzen** der jeweiligen Energieträger unter Berücksichtigung ihrer erschließbaren bzw. abbaubaren Potentiale zeigt Tabelle 1.1.

[4] Alle Angaben in US$

Reichweite Konventioneller Energieträger *Tabelle 1.1*

Energieträger	**Versorgungszeitraum (VZR) [Jahre]**
(Erd-)Kohle	300-400
Erdgas	100-200
Erdöl	100-150
Uran ohne Erzeugungsreaktoren	130
Uran mit Erzeugungsreaktoren	700

Mit diesen *angenommenen* VZR-Werten korrelieren nach unserer Einschätzung alle *dominanten* miteinander in Wechselwirkung stehenden Einflussparameter, insbesondere die abbaubaren sowie die geschätzten aber mit heutigen Technologien nicht abbaubaren ***Reserven*** und ***die Preise***. Als Folge dessen ist eine Strukturänderung zu erwarten. Die in Tabelle 1.1 angegebenen VZR-Werte liegen höher als die später in Kapitel 10 *kalkulierten* Werte.

Die Änderung der Primärenergiestruktur (1975-2050)
(Mit Erlaubnis von Shell Int. Ltd..)

Tabelle 1.2

					Wachstumsrate		
	1975	**2000**	**2025**	**2050**	**1975-2000**	**2000-2025**	**2025-2050**
Bevölkerung (10^9)	4	6	8	9	1,5 %	1,0 %	0,6 %
GDP (10^{12} $/2000 PPP*)	23	49	108	196	3,1 %	3,2 %	2,4 %
Variante „A" [EJ]	**1975**	**2000**	**2025**	**2050**	**1975-2000**	**2000-2025**	**2025-2050**
Primär Energie insgesamt	256	407	640	852**	1,9 %	1,8 %	1,2 %
Erdöl	117	159	210	229	1,2 %	1,1 %	0,3 %
Kohle	70	93	128	118	1,1 %	1,3 %	–0,3 %
Kohle, vergast	0	0	4	16	-	-	5,8 %
Erdgas	47	93	167	177	2,7 %	2,4 %	0,2 %
Nukleare Energie	4	29	35	32	8,1 %	0,8 %	–0,4 %
Wasserenergie	17	30	41	39	2,4 %	1,3 %	–0,3 %
Biotreibstoffe	0	0	5	52***	-	10,2 %	10,1 %
Sonstige erneuerbare	0	4	50	191	8,7 %	11,2 %	5,5 %
Variante „B" [EJ]	**1975**	**2000**	**2025**	**2050**	**1975-2000**	**2000-2025**	**2025-2050**
Primärenergie insgesamt	256	407	750	1121	1,9 %	2,5 %	1,6 %
Erdöl	117	159	233	185	1,2 %	1,6 %	–0,9 %
Kohle	70	93	150	119	1,1 %	1,9 %	–0,9 %
Kohle, vergast	0	0	6	97	-	-	11,6 %
Erdgas	47	93	220	300	2,7 %	3,5 %	1,3 %
Nukleare Energie	4	29	46	84	8,1 %	1,9 %	2,4 %
Wasserenergie	17	30	49	64	2,4 %	2,0 %	1,1 %
Biotreibstoffe	0	0	7	108***	-	11,8 %	11,8 %
Sonstige erneuerbare	0	4	38	164	8,7 %	9,9 %	6,0 %

* s. Anlage 17
** Unsere Abschätzung für 2050 liegt bei 990 EJ (Autoren-Bemerkung)
*** Diese Prognose für 2050 ist aus agrartechnischen / -politischen Gründen stark überschätzt; s. Tabelle 1.5 und Kap. 5.2.3 (Autoren-Bemerkung)

Weil die erneuerbaren Energieanteile üblicherweise in Prozent des elektrischen Energieverbrauchs angegeben werden, wurden in Tabelle 1.3 die weltweiten elektrischen Energieverbräuche ab 1975 und die Prognosen bis 2050 zusammengestellt.

Prognose des weltweiten elektrischen Energieverbrauchs Tabelle 1.3

	1975	**2000**	**2010**	**2025**	**2050**
1. Primärenergie [EJ/a]	256	407	488 (?)	640	852
2.1. in TWh	71000	113000	134900	177500	236000
3. El. Energie [TWh/Jahr]		15379	20608	32142*	67360
3. in % von 2**		38,9 %	43,5 %	51,5 %	80,1 %
4. Wachstum [%]		2,5 %	3 %	3 %	
5. Leistungs-Äquivalent von 3. [MW_e]		$1756 \cdot 10^3$	$2352 \cdot 10^3$	$3669 \cdot 10^3$	$7680 \cdot 10^3$

Bemerkung: s. noch A.3 und A.4 in der Anlage.

** 2020 : 27617 TWh/Jahr, 3152 MWe* *** allgemein mit $\eta = 0,35$ gerechnet*

Das in Tabelle 1.3 prognostizierte Wachstum entspricht bis 2050 einer Installation von 15000 neuen Kraftwerken mit einer Leistung von je 100 MW_e — also wöchentlich 6! Hinzu kommt die Erneuerung bzw. der Austausch der in dieser Zeit veralteten Anlagen. Ein Vergleich der Daten von Tabelle 1.2 mit den Prognosen von Tabelle 1.3 zeigt, dass die Energieversorgung der Welt, hochgerechnet für das ganze 21. Jh., trotz schrumpfender Reserven und den damit verbundenen Steigerungen der Öl- bzw. Gaspreise immer noch allein durch traditionelle Energieträger gesichert werden kann. *Aus nahe liegenden Gründen (Zuverlässigkeit von Prognosen, nachhaltiger Umweltschutz) wollen wir hier die Potentiale, die in den erneuerbaren Energien stecken, wissenschaftlich untersuchen.* Wir leisten diese Arbeit nicht nur im Hinblick auf die hinlänglich bekannten Umweltprobleme, sondern auch, um die Möglichkeit einer Anwendbarkeit unter sinnhaften **technischen und wirtschaftlichen** Gesichtspunkten zu eruieren. Die Chancen eines flexiblen, regional optimierten Energiemixes sollen realistisch dargestellt werden.

Die ***Zielsetzung dieser Studie*** ist es, dem Leser ein realistisches, ausgewogenes Bild zu folgenden Fragestellungen vorzulegen:

- *Welchen Beitrag können erneuerbare Energien zur weltweiten Energieversorgung und in einzelnen Regionen liefern?*
- *Wie viel Energie, verbunden mit welchen Investitionen und welcher Wirtschaftlichkeit können einzelne erneuerbare Energiequellen liefern?*

In Tabelle 1.4 sind globale Prognosen von den voraussichtlichen Anteilen der einzelnen erneuerbaren Energiequellen dargestellt.

Anteil der erneuerbaren Energiesorten in der el. Energieproduktion — ohne Wasserenergie *Tabelle 1.4*

Jahr	El. Kapazität der Windenergie [MW_e] %	El. Kapazität der Biomasse-Kraftwerke [MW_e] %	El. Energie durch Solarzellen [TWh/Jahr] %	Insgesamt erneuerbare Energie [%]*
2002	0,34	1,3	10^{-3}	1,6
2010	1	3	0,2	4,2
2025	2	3,2	1 (in % von 2020)	6,2
2050	3,3	4	13	20,3
2100 (?)				~ 30-40 ?

* Mit Wasserenergie[5]: 2002: 19 %; 2010: 14 %; 2025: 13 %; 2050: k.A.; 2100: k.A.

Im 21. Jahrhundert werden regenerative Energien beim Kraftstoff / Treibstoff eine viel wichtigere Rolle als bei der elektrischen Energie einnehmen. (Tabelle 1.5)

[5] Der sinkende relative Anteil der Wasserenergie ist darauf zurückzuführen, dass die existierenden Wasserkraftwerke an Staudämmen und Flüssen die sinnvollen Möglichkeiten schon fast ausgenutzt haben; die Wasserkraftwerk-Kapazitäten werden zwischen 2000-2050 nur um ca. 150 % steigen, während im selben Zeitraum der elektrische Energieverbrauch auf das Vierfache steigt.

Bemerkung: In einigen wenigen Ländern ist der Wasserenergieanteil schon im Jahr 2000 sehr hoch; z.B.: in Norwegen 99 %, Island 82 %, Schweiz 75 %, Österreich 75 %, Schweden 54 %, Frankreich 19 %, Italien 19 %, Russland 18,8 %, China 16 %, Indien 13,7 %, Japan 8,9 %, USA 6,8 %. Diese Daten erklären, warum die Statistik in Österreich für den Anteil der erneuerbaren Energien 70% (Wasserenergie + Biogas), in Island 100 % (Wasser + Geothermische Energie) ausweist. Diese günstigen Zahlen werden in der Zukunft sinken: die Wasserenergie stagniert, der Energieverbrauch steigt um 3 %/Jahr.

Tabelle 1.5

Zeitraum	2000	2025	2050
1. Weltweiter Treibstoffverbrauch [EJ] (s. Tabelle Anlage16)	61	96	148,5
2. Biotreibstoff [EJ] (siehe Tab.1.2)	~0	5	52
3. Anteil [%] 2. gegen 1. in den Industrieländern	~0* %	~5 %	~35 %

** in Deutschland 0,5 %*

In der direkten Wärmeproduktion spielen die erneuerbaren Energien nur eine vernachlässigbare Rolle.

Tabelle 1.6

Zeitraum	2000	2025	2050
1. Geothermie [EJ] (s. Kap. 1.4)	0,19	1	2
2. Sonnenkollektoren [EJ] (s. Kap. 7.1, mit den 10^6-Dächerprogramm gerechnet)		0,1	1

Aus Gründen des besseren Verständnisses für den Leser und der klareren Übersicht werden die Tabellen 1.5 und 1.6 bereits an dieser Stelle präsentiert. Auf die Einzelheiten der Technik und Wirtschaftlichkeit wird dann später in den Kapiteln 2-8 explizit eingegangen.

1.1 Solarzellen

Auf die äußere Atmosphäre (Stratosphäre) trifft eine Sonnenstrahlung mit einem Energiefluss von $5{,}5 \cdot 10^{24}$ J/a. Bedingt durch Reflexions-, Streu- und Absorptionsprozesse erreichen im Durchschnitt davon nur 43 % ($2{,}4 \cdot 10^{6}$ EJ/a) die Erdoberfläche. Auf das Festland mit 29 % Gesamtoberfläche entfallen demnach nur $0{,}29 \cdot 2{,}4 \cdot 10^{6}$ EJ = $7 \cdot 10^{23}$ J/a.

Wird dieser Wert durch die Oberfläche des Festlandes ($149 \cdot 10^{12}$ m^{2}) dividiert, erhält man die ***durchschnittlich eingestrahlte Energiedichte*** (Bestrahlungsdichte) auf dem Festland von:

$$\frac{7 \cdot 10^{23}\ \mathrm{J/a}}{149 \cdot 10^{12}\ \mathrm{m}^2} = 4{,}7 \cdot 10^{3}\ \mathrm{MJ\ m^{-2}a^{-1}} = 1305\ \mathrm{kWh\ m^{-2}a^{-1}}$$

Die durchschnittliche eingestrahlte Leistungsdichte (Bestrahlungsstärke) ist demnach[6]:

$$\frac{4{,}7 \cdot 10^{9}\ \mathrm{J\ m^{-2}a^{-1}}}{31{,}54 \cdot 10^{6}\ \mathrm{sa^{-1}}} = 150\ \mathrm{W_s/m^2}$$

Dies entspricht dem Jahresdurchschnitt aller lokalen Tageswerte unter Berücksichtigung von Tag und Nacht, bewölkten und sonnigen Stunden. Die Leistungsdichte ist jeweils abhängig vom Breitengrad (φ) und vom Datum.

Die lokalen Werte weichen im Gegensatz zur weit verbreiten Meinung weit von dem weltweiten Jahresdurchschnitt (150 W_s/m^2) ab. So beträgt der Jahresdurchschnitt in Kalifornien bzw. in der Sahara etwa 270 W_s/m^2; dagegen liegen die Werte in den gemäßigten Zonen von Europa etwa nur bei 115-120 W_s/m^2.[7]

---

[6] [W], Watt = [J s^{-1}]; Joule pro sec. $W \cdot s$ Einheit für die eingestrahlte Energie

[7] In den Datenblättern der Solarzellen finden wir immer einen Wert von 1000 W_s/m^2: Dieser ist ein sog. Nominalwert ($W_{e,n}$), der willkürlich als Bestrahlungsstandard gewählt wurde, um verschiedene Produkte und Investitionskosten (in \$/$W_{e,n}$) einheitlich zu bewerten. Obwohl dieser Nominalwert im Allgemeinen nicht zutrifft, werden die Leistungen von Solarkraftwerken auf dieser Basis angegeben (s. Rechnungsbeispiel zu der Abb. 2.8, Ende Kap. 2.3).

Der auf dem Festland ankommende und absorbierte Sonnenenergiefluss ($7 \cdot 10^{23}$ J/a) — das sog. ***theoretische Sonnenenergiepotential*** — *verkörpert eine enorme Energiegröße.* Es ist um einen Faktor 2000 größer als der derzeitige Energieverbrauch (400 EJ/a) der Welt pro Jahr. Diese Daten führen oft zu *falschen Schlüssen*, nämlich, dass die Solarenergie allein unsere Energieprobleme für ewig lösen könnte.

Diese **Schlussfolgerung** ist falsch, weil die technischen, finanziellen und ökologischen Randbedingungen die Nutzung *dieses theoretischen Potentials erheblich* reduzieren. Zuverlässige bzw. nachvollziehbare Prognosen (s. Tabelle 1.3) zeigen, dass die durch Solarzellen weltweit produzierte elektrische Energie auch noch im Jahr 2020 unter 1 % der gesamten el. Energieproduktion liegen wird (276 TWh von 27617 TWh). Dieser Anteil wird höchstwahrscheinlich in 2050 auf maximal 13 % steigen. Der Wirkungsrad (η_e) der Solarzellen liegt derzeit zw. 5-15 % und wird auch in 2025 die 15 %-Marke nicht überschreiten.[8]

Eine komplette 1 m^2 Solarzelleneinheit (Zubehör und Peripheriegeräte, s. Kap. 2) kostet derzeit zw. 200-700 $/$m^2$. Für die folgenden Rechnungen wird ein Preis von 260 $/$m^2$ zu Grunde gelegt.

Berechnungen 1:

Um den für 2050 prognostizierten 13 %igen Anteil zu erreichen, sind entsprechend Tabelle 1.3 ca. $1000 \cdot 10^3$ $MW_e = 10^{12}$ W_e el. Leistung zu installieren. Dazu werden

$$\frac{10^{12}\,W_e}{18\,W_e/m^2} = 55{,}5 \cdot 10^9\,m^2$$

Solarzellenoberfläche benötigt. Dies entspricht dem 10^{-4} Teil (0,04 %) der Festlandoberfläche ($149 \cdot 10^{12}$ m^2). Im Jahre 2002 hat man $3 \cdot 10^6$ m^2 Solarzelle produziert.

---

[8] *Also*: Bei 120 W_s/m^2 Einstrahlungsdichte gibt 1 m^2 Solarzelloberfläche 6-18 W_e el. Leistung ab.

Die Investitionskosten hierfür betragen unter den oben genannten Voraussetzungen $1,4 \cdot 10^{13}$ \$. Der weltweite GDP wird (s. Tabelle 1.2) im Jahr 2050 auf ~ $200 \cdot 10^{12}$ \$ geschätzt.

Berechnungen 2.

Wie groß muss die Solarzellenoberfläche sein, um ein 400 MW_e Kraftwerk (mittleres Kohlekraftwerk) zu ersetzen?

$$\frac{400 \cdot 10^6 \; W_e}{18 \; W_e/m^2} \approx 22 \cdot 10^6 \; m^2$$

Die Investitionskosten betragen hierfür $5,7 \cdot 10^9$ \$.

Im Vergleich hierzu liegen bei einem Erdgasturbinenkraftwerk (auf der Basis von 2 MW_e Einheiten) die Investitionskosten bei $2 \cdot 10^8$ \$, also etwa 1/10 der Solarzelleninvestition. Hierbei ist jedoch zu beachten, dass bei einem Solarkraftwerk der „Treibstoff" (die Sonnenstrahlung) zum Nulltarif erhältlich ist. Ein solches Gasturbinenkraftwerk benötigt jährlich 10^5 m^3 Erdgas. Dies entspricht ca. $2,3 \cdot 10^8$ \$/Jahr Treibstoffkosten. Hinzu kommen noch die nicht unerheblichen Wartungskosten.

1.2 Windenergie

Das globale ***Windenergiepotential*** der Erde beträgt bis 200 m Höhe 1000 EJ/a. Technisch bzw. wirtschaftlich nutzbar von diesem Potential sind im Prinzip etwa **100 EJ/a**: Die Nutzbarkeit reduziert sich auf Windgeschwindigkeiten zwischen 5-15 m/s, d.h. auf beschränkte Festlandgebiete (s. Windkarten, Kap. 3) und auf die 20-30 km breiten Küstenstreifen. Von dort kann der erzeugte Strom über den Meeresboden wirtschaftlich an das Festland transportiert werden.

Um das Windenergiepotential von 100 EJ/a durch Windkraftwerke auszunutzen, **müsste** man weltweit **$3 \cdot 10^6$ Windturbinen**[9] *mit je 1 MW_n*

[9] In erster Annäherung (s. Kap. 3): $3 \cdot 10^6 \cdot 10^6 \; W \cdot 31,54 \cdot 10^6 \; s \approx 100$ EJ

nominaler Leistung[10] **aufstellen.** Die gegenwärtigen Investitionskosten der Windturbinen liegen bei etwa 10^6 \$/1 MW_n.

Beispielrechnung. Unter Berücksichtigung dieser Daten wurde die Ausschöpfung der gesamten nutzbaren Windenergie $3 \cdot 10^6 \cdot 10^6 = 3 \cdot 10^{12}$ \$ kosten (etwa 3 % der Welt-GDP in 2025). Durch diese Investition hätten wir eine el. Leistung von $3 \cdot 10^6 \cdot 200\ KW_e = 6 \cdot 10^{11}\ W_e = 600\ GW_e$. Die jährlich produzierte el. Energie wäre dann $600 \cdot 8760\ GW_e\ h/a = 5{,}25 \cdot 10^6\ GW_e\ h/a$ = 5250 TWh/a (etwa 20 EJ/a), — also (s. Tabelle 1.3) etwa 30 % des el. Weltenergiebedarf im Jahr 2000 bzw. 16 % im Jahr 2025.

An diesen Betrachtungen und Beispielrechnungen wird deutlich, dass eine vollkommene Ausnutzung der Windenergie finanziell kaum realisierbar ist und wirtschaftlich fraglich wäre.

Auf der Basis umfangreicher Daten und Erhebungen prognostiziert die EWEA (European Wind Energy Association), dass die *Windturbinen* selbst in 2050 auch nur etwa 3,3 % des el. Gesamtbedarfes werden liefern können (s. Tabelle 1.7).

Tabelle 1.7

Jahr	2002	2010	2025	2050
El. Energie von Windturbinen [MW_e]	$6 \cdot 10^3$	$24 \cdot 10^3$	$76{,}1 \cdot 10^3$	$257{,}2 \cdot 10^3$
Anteil an der el. Gesamtproduktion in %	0,34 %	1 %	2,0 %	3,3 %

1.3 Biomasse-Energie

Im Zusammenhang mit der energetischen Nutzung verstehen wir unter ***erneuerbarer Biomasse*** pflanzliche, organische Stoffe und deren Sekundärprodukte (organischer Abfall, Müll, Abwasserschlamm etc.), die durch *Photosynthese* produziert werden. Wir beschränken uns im

[10] Die ***nominale Leistung*** (W_n) ***einer Windkraftanlage*** ist die Spitzenleistung (die Leistungssättigung, in Abb. 3.5 z.B. 600 KW_e) der Turbine (des Generators). Die durchschnittliche elektrische Ausgangsleistung (Jahresdurchschnitt) beträgt etwa 20-25 % (in speziellen Gebieten und bei ganz modernen Turbinen derzeit bis 35 %) der Nominalleistung. Also eine 1 MW_n Windturbine gibt durchschnittlich 200 KW_e elektrische Leistung ab.

Folgenden bei der Biomasse auf das für Kraftwerke nutzbare *Waldholz sowie* auf das in Mülldeponien bzw. aus Klärschlamm hergestellte *Biogas* und auf Agrarprodukte, die für die Treibstoffproduktion verwendet werden. [11]

Nach internationalem Standard wird die regenerative Biomasse in Kohlenstoffgehalt (tC: Tonnen Kohlenstoff), bezogen auf die jeweilige Trockenmasse, angegeben.

Das derzeit und in den nächsten Jahrzehnten wirtschaftlich ***verfügbare Biomassepotential*** wird durch den *jährlichen Zuwachs der* traditionellen (und später durch die sog. Energie-) *Wälder* bestimmt.

Die weltweite Waldlandschaft beträgt nach FAO[12]-Angaben 3869 Mha (1 ha (Hektar) : 10^4 m^2, 100 ha : 1 km^2, 1 Mha = 10^6 ha) mit $386 \cdot 10^9$ m^3 sog. waldtrockenem *Holz.*

Die Dichte des Holzes liegt (abhängig von Baumarten) zwischen 0,5-0,8 tm^{-3}. Das weltweite waldfeuchte Holzgut (Holzreserven) beträgt bei einer mittleren Dichte von 0,7 tm^{-3} etwa

$$0{,}7\ tm^{-3} \cdot 386 \cdot 10^9\ m^3 = \mathbf{2{,}7 \cdot 10^{11}\ t.}$$

Danach liegt im weltweiten Durchschnitt der Holzbestand bei 70 t/ha. In den entwickelten und bewirtschafteten Forstwirtschaftsgebieten kann ein Wert von 100-300 t/ha erreicht werden.

Wenn man die Wälder in ihrer ökologischen Funktion erhalten will, dürfen wir von diesem Bestand nur den jährlichen Zuwachs (4 %) und für energetische Zwecke nur dessen Brennholzanteil (40 % des jährlichen Zuwachses) nutzen. Für den weltweiten Durchschnitt erhält man

---

[11] Die Wissenschaft definiert die Biomasse breiter: Demnach setzt sie sich zusammen aus der Biomasse der Ozeane (in Form von pflanzlichem Plankton), der Savannen, Tundren, Sumpfgebiete, dem unterirdischen Biomassegut der Wälder und aller Art pflanzlicher Stoffe in der Landwirtschaft. So betrachtet entspricht die jährliche Biomasseproduktion ca. $72 \cdot 10^9$ tC, davon 34 % in den Ozeanen und 66 % auf dem Festland.

[12] Einen herzlichen Dank an Dr. Peter Csóka, Präsident der ungarischen Forstverwaltung, für den Zugriff auf die Datenbank von FAO, Global Forest Resources Main Report 2000.

$$70\ t/ha \cdot 0{,}04 \cdot 0{,}4 = 1{,}1\ t/ha$$

„Brennholz”.

Weltweit kann man also mit einen (***Brennholz-) Heizwertpotential*** von

$$2{,}7 \cdot 10^{11} \cdot 0{,}04 \cdot 0{,}40 \cdot 12{,}5 \cdot 10^{9}\ J/t = 5{,}4 \cdot 10^{19}\ J = 54\ EJ$$

rechnen, also mit $1{,}4 \cdot 10^{10}$ J/ha. (Heizwert von waldfeuchtem Holz beträgt (laut Anlage 2) $12{,}5 \cdot 10^{9}$ J/t.)

Die Holzausbeute aus sog. „Energiewäldern“, die ausschließlich zum Zwecke der energetischen Nutzung angepflanzt werden, beträgt bei einem Kahlschlag ca. 8-15 t je ha.

Um die realistischen Energiepotentiale der Biomasse explizit darzustellen, verwenden wir Daten, die freundlicherweise vom Weltkonzern AES (AES Borsod Energetikai GmbH) zur Verfügung gestellt wurden.

Bei dem im Folgenden betrachteten Projekt handelt es sich um ein **30 MW_e** Holzhackschnitzel-Kraftwerk, das mit einem Fluidbettkessel ausgestattet ist. Der Wirkungsgrad beträgt $\eta_e = 27\ \%$. Das Kraftwerk verbraucht demnach $280 \cdot 10^{3}$ t/Jahr Hackholz (mit 12,5 GJ/t Heizwert). Die daraus gewonnene Energie beträgt

$$280 \cdot 10^{3}\ [t] \cdot 12{,}5 \cdot 10^{9}\ [J/t] = 3{,}5 \cdot 10^{15}\ J.$$

Mit einem elektrischen Wirkungsgrad $\eta_e = 27\ \%$ ergibt sich dann eine nominale Leistung von.

$$\frac{3{,}5 \cdot 10^{15}\ [J] \cdot 0{,}27}{31{,}54 \cdot 10^{6}\ [s]} = 30\ MW_e\,.$$

Mit 1,1 t/ha·a Brennholzaufkommen benötigt man bei einem jährlichen Verbrauch von $280 \cdot 10^{3}$ t Brennholz eine **Waldfläche** von

$$\frac{280 \cdot 10^{3}\ t}{1{,}1\ t/ha} = 255\ 000\ ha\,.$$

Deutschland hat insgesamt 10^7 ha Wald. Basierend auf diesen Daten ist in deutschen Wäldern ein Biomassepotential vorhanden, das einer elektrischen Leistung von

$$P_{el} = \frac{30 MW_e}{250.000 ha} \cdot 10^7 ha = 1200 MW_e$$

entspricht. Damit kann aber nur 1 % der derzeitigen installierten el. Kapazitäten in ganz Deutschland abgedeckt werden. Dafür würde niemand den ganzen deutschen Wald opfern!

Diesem Umstand trägt auch die Politik Rechnung. Sie bezieht das gesamte Biomassepotential mit ein, welches sich durch die Verbreiterung von „Energiewäldern" und der Anpflanzung von Chinagras deutlich erhöhen lässt. Die Kapitel 1.3 und 4.2 zeigen, dass sich so das spezifische Biomassepotential pro ha verzehnfachen lässt.

1.4 Geothermische Energie

In der 20-30 km tiefen Erdkruste produzieren exoterme radioaktive Spaltungsprozesse und chemische Reaktionen derzeit und noch für viele Millionen Jahre kontinuierlich beachtliche Wärmemengen. Die so erzeugte Wärme breitet sich durch die Wärmeleitfähigkeit des unterirdischen Gesteins aus und erwärmt auf diese Weise neben den Gesteinsschichten auch Poren, die zu den gewaltigen unterirdischen Wasserreservoiren führen.

Die ***gesamte akkumulierte Erdwärme (Geothermische Energie)*** entspricht **9 TW** thermischer Leistung bzw.

$9 \text{ TW} \cdot 8760 \text{ h/a} = 78840 \text{ TWh/a} = 78840 \cdot 3{,}6 \cdot 10^3 \text{ TJa}^{-1} = 283 \text{ EJ/Jahr}.$

Im Vergleich dazu beträgt der derzeitige Weltenergiebedarf 117000 TWh a^{-1}. (s. Tabelle Anlage 3)

Mit Hilfe von *hydrothermalen Methoden* (Heißwasser-, Dampffraktionierung, Aufbruch bzw. Abbau mit Pump- bzw. Drucksystemen) könnte man die unterirdischen Wasserreservoire erschließen, die allerdings nur **einen vergleichsweise kleinen Bruchteil** (etwa **6 GW** ≈ 190000 TJ/Jahr = 0,2 EJ/Jahr) des gesamten riesigen Wärmereservoir darstellen.

Da die Temperaturen der durch hydrothermale Methoden erschlossenen Wärmeträger allgemein 50-120 °C betragen und ganz selten Werte ≥ 180 °C erreichen, sind diese für den direkten Dampfturbinenbetrieb nicht geeignet.[13] Aus diesem Grunde ist die weltweite **geothermische Stromerzeugung** *noch sehr unbedeutend* (im Jahre 2000 nur 7974 MW_e, ≈ 2 ‰ der weltweiten elektrischen Energieerzeugung). Für die geothermische Stromerzeugung eignen sich andere Methoden (z.B. das HDR-Verfahren, s. Kap. 6).

Die unterirdischen Warmwasser- (Heißdampf-) Reserven (0,2 EJ/Jahr, s. oben) sind beachtlich, aber nicht unerschöpflich. Das vorhandene Reservoir darf man, ohne Raubbau zu betreiben, nur mit limitierten Ausbeuteraten nutzen. Wenn z.B. ein 2500 km^3 Reservoir (mit $6 \cdot 10^{20}$ J Gesamtenthalpie) ausgeschöpft wird, dann kann diese Wärmemenge wegen der limitierten Wärmeleitfähigkeit des umgebenden Gesteins nur in 20000 Jahren nachgeliefert werden. Daher **darf man**, bezogen auf unser Fallbeispiel, von diesem Reservoir pro Jahr **maximal** $6 \cdot 10^{20}/2 \cdot 10^4 = 3 \cdot 10^{16}$ J/a Wärme, also nur $125 \cdot 10^6$ m^3/a Thermalwasser mit einer Temperatur von 67 °C **entnehmen.**

1.5 Wärme*produktion* mittels erneuerbarer Energien

Obwohl in der Literatur die energetische Nutzung erneuerbarer Energien fast immer nur im Hinblick auf die el. Energie diskutiert bzw. definiert wird, legen wir in unseren Betrachtungen ebenso viel Wert auf die produzierte Wärme. Deswegen gehen wir in unserer Studie in separaten Kapiteln auf die Geothermie (Kap. 6), die so genannten Wärmepumpen (Kap. 6.2.3) und die Sonnenkollektoren (Kap. 7.1) bzw. die solarthermischen Kraftwerke (Kap. 7.2) ein.

---

[13] Durch spezielle Methoden (z.B. ORC-Verfahren s. Kap. 6.3) ist auch das möglich.

1.6 Problemstellung

Wie zuvor in Kap. 1 aufgezeigt, können die erneuerbaren Energien den el. Energiebedarf auch bis 2050 nur mit einen Anteil von etwa 20 % decken. Daher stellt sich die Frage: Welche Lösung bietet sich in den nächsten 50 Jahren bzw. bis zum Ende des 21. Jh. an? In den Kapiteln 8-9 beleuchten wir eine Alternative: **die Wasserstofftechnologie** (Wasserstoffwirtschaft). Es wird gezeigt, dass diese Technologie für alle erneuerbaren Energieproduktionen wichtig sein wird. Die Wasserstofftechnologie bietet die Möglichkeit, aus nicht stationären stochastischen erneuerbaren Energiequellen über entsprechende Wandlungsprozesse Wasserstoff zu gewinnen und damit Energie zu speichern. Wenn alle traditionellen Energieträgerreserven erschöpft sind, kann die WT nur dann eine wirtschaftliche Lösung bieten, wenn gasförmiger Wasserstoff preiswert herstellbar ist. Es ist denkbar, dass aufgrund neuer Technologien die Kernfusion eine preiswerte Gewinnung von Wasserstoff ermöglicht.

1.7 Angaben zu Preisen und Kosten

Nach internationalem Standard sind Preise und Kosten in der Energiewirtschaft in US$ angegeben. Unsere Angaben dienen nur der Orientierung und sind daher nicht für kommerzielle Kalkulationen anwendbar.

2. SOLARENERGIE,[14]

Elektrische Energieproduktion mit Solarzellen (Photovoltaik, PV)

Die Erdatmosphäre wird grundsätzlich durch die vertikalen Temperaturgradienten T_{grad} in Sphären aufgeteilt (s. Tabelle 2.1).

Tabelle 2.1

Benennung	**Höhe [km]**	**Temperatur [K] (Temperaturgradient [K/m])**
Troposphäre	0 – 20	300 – 216 [K] – 6 [K/m]
Stratosphäre	20 – 50 (55)	216 – 270 [K] (T – Erhöhung)
Mesosphäre	55 90	270 – 187 [K] (T – Abnahme)
Termosphäre	100 – 1000	190 – 360 K (120 km) 1000 K (200 km) 1800 K (1000 km)

Bemerkung: Zwischen den Sphären wechselt das Vorzeichen des T_{grad}; in diesen Zwischenschichten herrscht konstante Temperatur und der Austausch zwischen den Sphären wird minimal.

[14] Die Autoren bedanken sich beim Generaldirektor Dr. I. Krafcsik (KRAFT Elektronikai GmbH), der uns als anerkannter praxisnaher Solarzellenexperte bei diesem Kapital unterstütz hat.

2.1 Globale Leistungsdichte (Intensität, I), Solarkonstante, Leistungsfluss bzw. Energiefluss der Sonnenstrahlung am obersten Rand der Stratosphäre

Seit 1978 messen Satelliten senkrecht zur Strahlungsrichtung der Sonne die ***Leistungsdichte*** bzw. die ***Intensität*** I $[W_s/m^2]$ der auf den oberen Rand der Stratosphäre einfallenden *Sonnenstrahlung*. Die gemessenen Werte hängen hauptsächlich vom Abstand der Erde zur Sonne ab,[15] also von der Jahreszeit. Den *Intensitätswert* **bei dem mittleren Abstand Erde-Sonne** *nennt man* ***Solarkonstante*** (S)[16]:

$$S = 1366{,}1 \pm 0{,}37\ \%\ [W_s/m^2] = I_S$$

Weil die Intensität bei maximalen/minimalen Abstand von S nur ± 1,67 % abweicht, kann man in erster Nährung in jeder Jahreszeit mit dem oben angegebenen Wert von S rechnen. Ist eine größere Genauigkeit erforderlich, muss man statt S mit S/ℓ^2 rechnen[17], wobei ℓ als dimensionsloser Wert den relativen Abstand Sonne / Erde (bezogen auf den Mittelwertabstand) kennzeichnet. Die ℓ-Werte können aus astronomischen Tabellen entnommen werden.

Wir erhalten den ***totalen Leistungsfluss*** $[W_s]$ an dem obersten Rand der Stratosphäre, wenn wir die Solarkonstante mit der Projektionsfläche der bestrahlten Erdhalbkugel, also mit dem Querschnittswert $\left(R_E^2\pi\right)$ der Erde multiplizieren:

$$\textit{\textbf{Leitungsfluss}} = 1366\ [W_s/m^2] \cdot \pi \cdot (6371 \cdot 10^3)^2\ [m^2]$$

$$= \mathbf{174 \cdot 10^{15}\ W_S}$$

---

[15] Maximalwert (Afelium) $1{,}521 \cdot 10^8$ km, Minimalwert (Perihelium) $1{,}471 \cdot 10^8$ km. Der Mittelwert (astronomische Einheit) beträgt $1{,}495979 \cdot 10^8$ km.

Die lokalen Werte hängen noch von dem Einfallswinkel, also von dem Breitegrad (φ) und vom Datum sowie der Tageszeit ab (s. Kap. 2.3).

[16] Adv. Space Res. **29**, p. 1969 (2002)

[17] Wie bekannt, hängt die Strahlungsintensität $\sim 1/r^2$ von dem Abstand r der Quelle ab.

Der ***totale Energiefluss/Jahr*** (am obersten Rand der Stratosphäre) beträgt

$$174 \cdot 10^{15}\ [W_S] \cdot 31{,}54 \cdot 10^{6}\ [s/a] =$$

$$= 5{,}5 \cdot 10^{24}\ J/a = 5{,}5 \cdot 10^{6}\ EJ/a$$

2.2 Gleichgewicht der globalen Strahlungsbilanz in dem Erde-Atmosphäre (E-A)-System

- Die Quelle der Sonnenstrahlung ist die Sonnenoberfläche die sog. Photosphäre mit einer Temperatur von 6000 K. Die Intensität ist wellenlängenabhängig I(λ). Erst in der Stratosphäre, dann in der Troposphäre wird sie durch Absorption bzw. Streunung (Reflexion) geschwächt und modifiziert. Abb. 2.1 zeigt das Spektrum der Sonnenstrahlung, die die Erdoberfläche erreicht.

Abb. 2.1

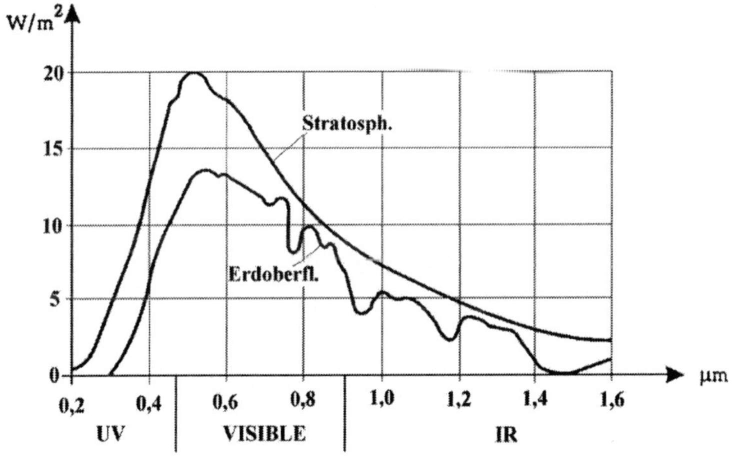

Spektrum der Sonnenstrahlung am Stratosphärenrand und an der Erdoberfläche

Nach Messungen und Modellrechnungen[18] *kommt* von dem an der Stratosphäre einfallenden Energiefluss **43 %** an der **Erdoberfläche** an und wird dort **absorbiert**, durchschnittlich 29 % hiervon auf dem Festland. In Zahlen:

	Leistungsfluss [W, PW]	**Energiefluss** [J/a, EJ/a]
der Gesamt-Erdoberfläche	$0{,}43 \cdot 174 \cdot 10^{15}$ W = 75 PW	$0{,}43 \cdot 5{,}5 \cdot 10^{24}$ J/a = $2{,}4 \cdot 10^{6}$ EJ/a
des Festlandes	$0{,}29 \cdot 75$ PW = 22 PW	$0{,}29 \cdot 2{,}4 \cdot 10^{6}$ EJ = $0{,}7 \cdot 10^{6}$ EJ

● Die Erde und die Atmosphäre absorbieren also Energie, strahlen aber gleichzeitig zur dieser Absorption auch Energie aus[19] (im Sinne des Stephan-Boltzmann Gesetzes: $E = \sigma T^4$ [W/m^2]). Ohne ins Detail zu gehen, kann gesagt werden, dass das Erde-Atmosphäre-System ebenso viel Energie ausstrahlt, wie es absorbiert.[18]

Das ganze *E-A*-System *befindet sich in einem Strahlungsgleichgewicht mit einer Energiebilanz nahe Null und zwar mit einer globalen Erdoberflächentemperatur von 288 K.*

● *Zwischen der Erde und der Troposphäre ist die Energiebilanz ungleich Null.* Sie steht somit im Gegensatz zu dem gesamten Erde-Atmosphäre-System. Die Erde besitzt einen **Energieüberschluss,** der durch andere Prozesse egalisiert wird. D*er Großteil* des Überschusses wird für die Verdampfung der gefallenen Regenmenge verbraucht. Hierbei entsteht Verdampfungswärme, die dann in der Troposphäre bei der Wasserkondensation wieder frei wird. *Der Rest* liefert die kinetische Energie für die in der Troposphäre entstehenden Luftströmungen (etwa

[18] s. z.B. Rudolph Czelnai: Einleitung in Meteorologie (Nationaler Lehrbuch Verlag, 1998), in Ungarisch.

[19] Die Ausstrahlung der Erdoberfläche (terristische Strahlung) liegt in einem Wellenlängebereich von 5-30 µm (IR), mit einem Intensitätsmaximum bei 10 µm. Ein Großteil der terristische Strahlung wird unter anderem durch den CO_2 – und H_2O – Gehalt der Atmosphäre absorbiert (Treibhauseffekt).

6 % von 5,5 · 10^6 EJ/a). Hierdurch entsteht die ***Windenergie,*** auf die wir in Kap. 3 näher eingehen werden.

2.3 Lokale Leistungsdichte bzw. Energiedichte an der Erdoberfläche

Die lokalen Daten sind heute ohne Berücksichtigung des *atmosphärischen Einflusses* **theoretisch** berechenbar! Man kann die in die Stratosphäre mit der Intensität I eintretende Sonnenstrahlung als Strahlbündel mit einem Einfallswinkel *m* (s. Abb. 2.2) betrachten. Der Einfallswinkel *m* ist auf die **lokale horizontale Ebene** A′ des Erde-Atmosphäre-Kugelsystems bezogen.

Abb. 2.2

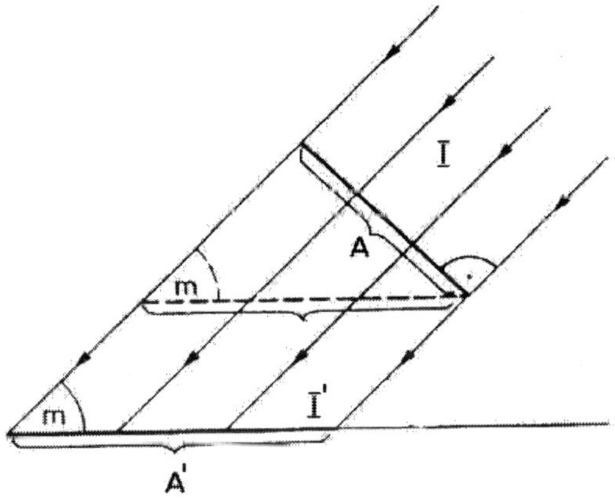

Der Einfallswinkel *m* ist eine Funktion des Breitengrades (φ) bzw. der Zeit t (Datum, Tageszeit).

$$\sin m(\varphi,t) = \frac{A}{A'} = \frac{I'}{I} \qquad (2.1)$$

$$(A' > A)$$

und als Folge davon gilt:

$$I' = I \sin m \left[\frac{W}{m^2}\right] \tag{2.2}$$

Unter der Annahme, dass I = S ist, gilt die Nährung:

$$I' \approx S \sin m(\varphi,t). \tag{2.3}$$

Bezieht man den Ausdruck (2.3) auf einem bestimmten Breitengrad und integriert man diesen über die Tageslichtstunden, dann erhält man die lokale durchschnittliche Energiedichte pro Tag(*d*) $E_{s,d}$ ohne atmosphärischen Einfluss in:

$$\text{MJ m}^{-2}\text{d}^{-1} \quad \text{bzw.} \quad \text{kWh m}^{-2}\text{d}^{-1}$$

Aus diesen Tagesdaten kann man dann auch die Jahresdurchschnittswerte in MJ $m^{-2}a^{-1}$ bzw. kWh $m^{-2}a^{-1}$ berechnen.

Für praktische solartechnische Zwecke sind die **gemessenen lokalen Werte von Interesse**. Dabei werden die Messungen an einer südlich orientierten Fläche, die mit der lokalen horizontalen Ebene einen Winkel von 45° bildet, durchgeführt. So erhalten wir die optimale Ausrichtung der Solarzellen zur Sonne.[20]

Die Graphiken in Abbildungen 2.3, 2.4 bzw. 2.5 (und ähnliche) zeigen mit der oben beschriebenen Methode **gemessene Werte von lokalen horizontalen Ebenen.**

---

[20] Abweichungen von dieser Orientierung kann man korrigieren, s. z.B. Abb. 7.2.

Horizontal gemessene Einstrahlungswerte an der Erdoberfläche
[MJ $m^{-2}a^{-1}$] (von Budiko und Landsberg)

Abb. 2.3

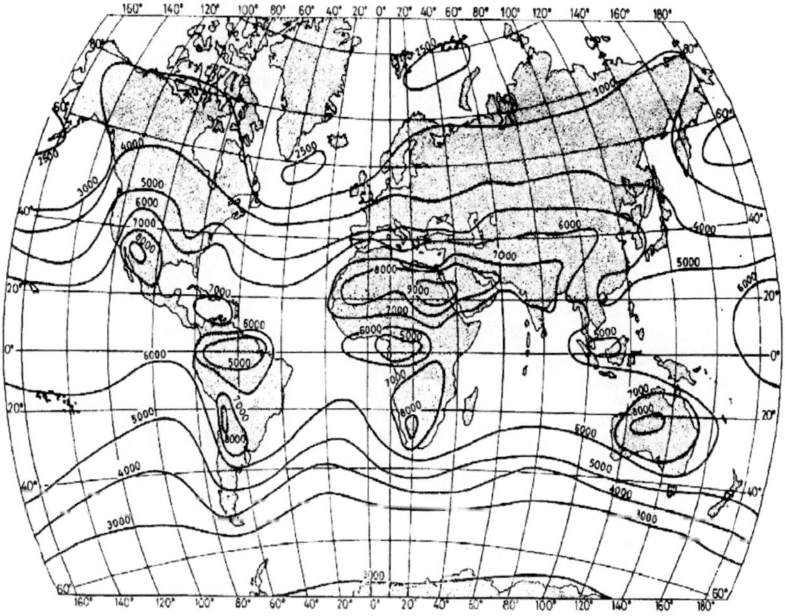

(Umrechnung in $[\frac{W}{m^2}]$*, z.B bei 8500 [MJ* $m^{-2}a^{-1}$*]:*

$$\frac{8500 \cdot 10^6 \ J\ m^{-2}a^{-1}}{31{,}54 \cdot 10^6 \ s/a} = 269\ Wm^{-2}$$

Abb. 2.4

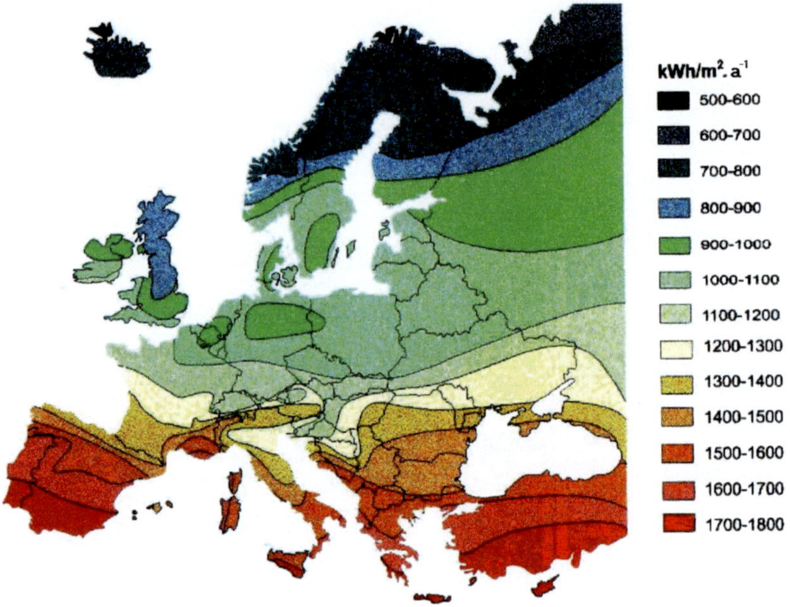

Horizontal gemessene Werte an der Erdoberfläche in [kWh $m^{-2}a^{-1}$] für Europa

Umrechnung:

$$1000\ kWh\ m^{-2}a^{-1} = 10^6 \cdot 3600\ Ws\ \ m^{-2}a^{-1} = 3600\ MJ\ m^{-2}a^{-1}$$

$$\frac{1000 \cdot 10^3\ Wh\ m^{-2}a^{-1}}{8760\ ha^{-1}} = 114\ W/m^2$$

Bemerkung: Der praktische Aufstellungswinkel von Solarzellen (gegen die lokalen Horizontalen) liegt zw. 30-60 Grad. In den Fachbüchern sind die *örtlichen* und *zeitabhängigen* Umrechnungsfaktoren für horizontale nach Süden gerichtete Aufstellungskonfigurationen angegeben. Bei einem Breitengrad um die 40° ist dieser Faktor bei einem Aufstellungswinkel von 30° im Jahresdurchschnitt 1,21 bzw. bei einem Aufstellungswinkel von 60° 1,11.

Horizontal gemessene Globalstrahlung in Deutschland für 2005

Abb. 2.5

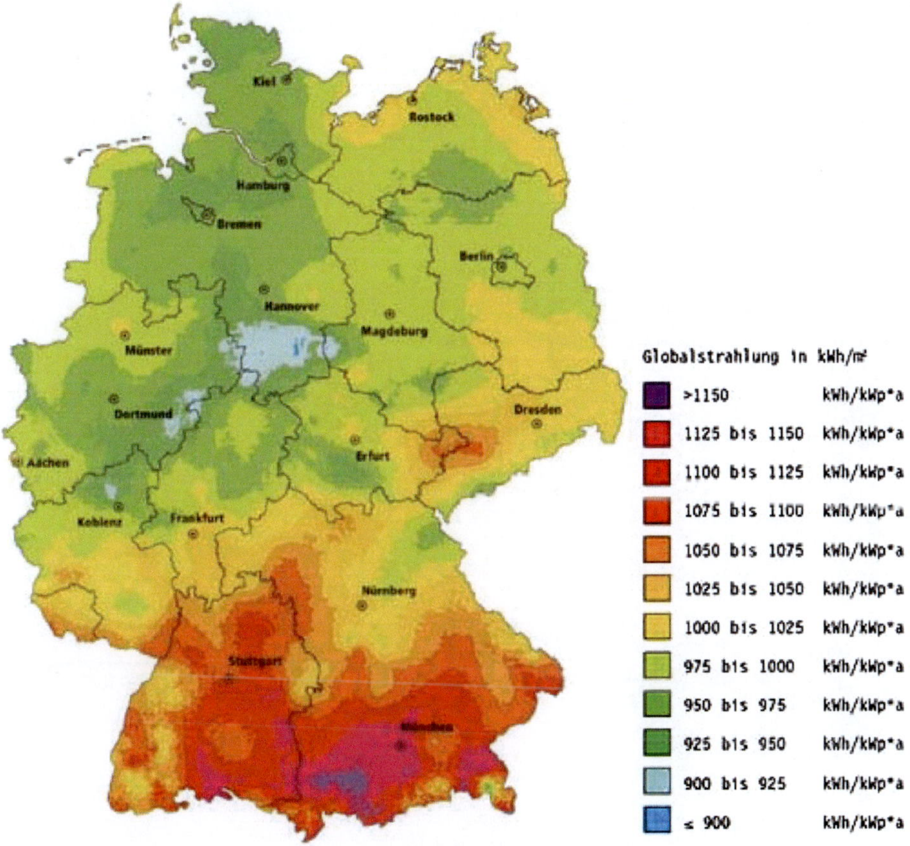

(Quelle: www.solarladen.de)

$1000\ kWh\ m^{-2} a^{-1} = 115\ W/m^2$

Die Tabelle 2.2 zeigt den Einfluss der Atmosphäre auf die durchschnittlichen Jahreswerte der Energiedichte für verschiedene Breitengrade.

Tabelle 2.2

Einfluss der Atmosphäre auf die Energiedichtewerte im Jahresdurchschnitt

φ	1	2	3	5	6	7
90° N	5 527	2 596	47	2 931	46	54
80	5 736	2 721	48	3 015	43	57
70	6 322	2 931	53	3 391	36	64
60	7 536	3 349	45	4 187	31	69
50	9 085	3 894	43	5 191	27	73
40	10 509	5 359	51	5 150	27	73
30	11 723	6 657	57	5 066	29	71
20	12 560	7 201	57	5 359	29	71
10	13 063	6 699	51	6 364	25	75
0	13 356	6 490	49	6 866	23	77
10° S	13 063	6 699	51	6 364	25	75
20	12 560	6 741	54	5 819	27	73
30	11 723	6 113	52	5 610	26	74
40	10 509	4 605	44	5 904	23	77
50	9 085	3 391	37	5 694	24	76
60	7 536	2 889	38	4 647	28	72
70	6 322	3 266	52	3 056	40	60

Legende:

1. $E_{S,d}$ [MJ $m^{-2}a^{-1}$] in der oberste Atmosphäre
2. *Gemessene* Bestrahlungsstärke, Einstrahlungswerte an der Erdoberfläche [$MJm^{-2}a^{-1}$]
3. 2. in % von 1.
5. 1. – 2.
6. Von 5., verursacht durch die reine trockene Luft [in %]
7. Von 5., verursacht durch Wolken, Wassergehalt und absorbierende Gase, Aerosole [in %]

2.4 Technische Grundlagen

Ein ***Solarzellen- (Photovoltaik-) Kraftwerk*** ist ein komplexes System. Neben den in ***Modulen*** zusammengefassten Solarzellen beinhaltet es auch die Trägermechanik, die Verkabelung, die Wechselrichter, die Sicherheitserdung, den Blitzschutz, Transformatoren, den Kommunikationsschluss sowie die Stromzähler. Dieses periphere System bindet allein ca. 40-85 % der gesamten Investitionskosten.

Die Solarzellen (s. Abb. 2.6) sind im Wesentlichen pn-Übergänge, die sich ohne Belichtung (Bestrahlung, Illumination) im thermodynamischen Gleichgewicht befinden. In diesem Zustand liegt keine BIAS-Spannung an dem Übergang, somit kann in einem geschlossenen äußeren Stromkreis mit einem Verbraucher R kein Strom fließen.

a.) pn-Übergang ohne Bestrahlung; b.) pn-Übergang mit Bestrahlung; es fließt ein Durchlassstrom (forward current)

Abb. 2.6

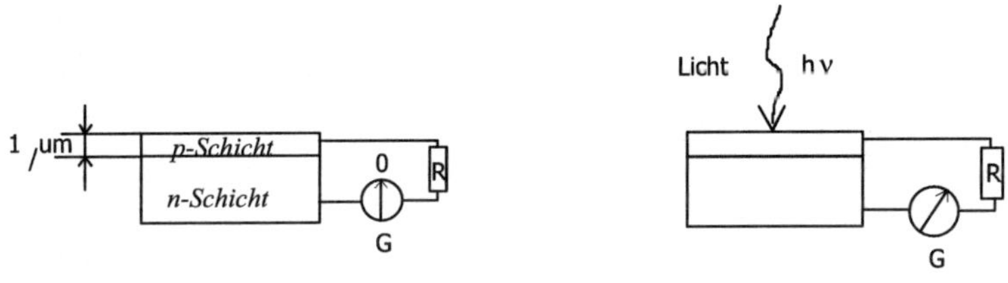

a) *b)*

Bei Bestrahlung generieren Photonen mit geeigneter Energie (abängig vom Grundmaterial) in beiden Schichten Elektronen (e^-) – Loch (h^+) – Paare, die den pn-Übergang in Durchlassrichtung polen (p-Schicht positiv, n-Schicht negativ). Bei Belichtung entsteht eine ***photoelektrische Spannung*** und durch den Stromkreis fließt ein Gleichstrom. Die typische photoelektrische Spannung pro pn-Übergang liegt bei 0,4-0,5 V (open circuit voltage). Bei Belastung liegt sie etwa 20 % niedriger. Bei maximal möglicher Belastung beträgt die Stromdichte typischerweise 30 mA/cm^2. Wdh. pn-Übergangsfläche 15^2 cm^2 = 225 cm^2. Die maximale Stromstärke hängt von der pn-Übergangsfläche und auch von der Beleuchtung ab und liegt üblicherweise bei 6-7 A.

Bei der Elektron-Loch-Generierung wird ein Elektron vom Valenzband (v) in das Leitungsband (c) überführt. (Überwindung der verbotenen Zone (E_g)). Für die dazu erforderliche ***Lichtfrequenz*** ν gilt:

$$\nu \geq \frac{E_g}{h} \quad \text{bzw.} \quad \lambda = \frac{c}{\nu} < \frac{c \cdot h}{E_g} \qquad (^{21})$$

Für Si und GaAs gilt also:

	E_g [eV]	ν_{min} [Hz]	λ_{max} [μm]
Si	1,11	$2{,}66 \cdot 10^{14}$	1,12 μm
GaAs	1,43	$3{,}46 \cdot 10^{14}$	0,865 μm (865 nm)

Die photoelektrische Spannung ist einige Zehntel V kleiner als die der verbotenen Zone (E_g, [eV]) entsprechenden Spannung.

Die Solarzellen werden als ***(Solar-) Module*** (s. Abb. 2.7) verkauft. Typische Module bestehen z.B. aus 40 Dünnschichtdoppelzellen,[22] die in Reihe geschaltet sind und in Montagerahmen mit 5x8 Doppelzellen (750x1200 mm) zusammengefasst werden. Bei einer Sonneneinstrahlung von 1000 W/m² liefern diese eine Modulklemmenspannung von 40 V und einen maximalen Strom von 6 A. Zur Erzielung höherer Amperezahlen werden Module parallel geschaltet. Für die Netzanbindung werden etwa 230-240 Module in Reihe geschaltet, um eine Spannung von 230 V zu erreichen. Mit Hilfe eines Wechselrichters wird die Gleichspannung in Wechselspannung umgewandelt. Für die Einspeisung von Solarstrom in ein Hochspannungsnetz müssen die 230 V nach dem Wechselstromrichter je nach Bedarf auf 10-20 kV transformiert werden. Für autonome Geräte sind die 12 Volt-Einheiten günstiger. Wegen der zurzeit kommerziell

[21] $h = 4{,}136 \cdot 10^{-15}$ [eVs]

[22] Doppelzellen sind (von der Lichteinfall Seite) pinpin- Schichtsysteme. (i: intrinsic, undotiert). Diese haben eine etwa doppelte Zellspannung von 1,6 V.

verfügbaren Peripheriegeräte ist ein Solarsystem für maximal 600 V Systemspannung geeignet.

Abb. 2.7

Solarzellen Modul mit 72 Solarzellen

Am 27. April 2006 wurde ein Photovoltaik-Kraftwerk auf dem Gelände des ehemaligen Truppenübungsplatzes im niederbayerischen Pocking in Betrieb genommen. Mit einer Nominalleistung von 10 $MW_{e,n}$ ist dies **derzeit** die grösste zusammenhängende Solarstromanlage der Welt, die aus 57921 Solarmodulen besteht.

Abb. 2.8 zeigt ein anderes großes Photovoltaik-Kraftwerk in Hemau (nahe bei Regensburg), das bei der Inbetriebnahme am 1. Januar 2003 eine ***nominale Leistung*** von 4 $MW_{e,n}$ d.h. eine ***elektrisches Ausgangsleitung*** von 480 kW_e hatte und somit zu diesem Zeitpunkt das weltgrößte PV-Kraftwerk war (s. folgende Definitionen bzw. Rechnungsbeispiele).

Abb. 2.8

Photovoltaik-Kraftwerk in Hemau

Rechnungsbeispiel:

Das in der Abb. 2.8 dargestellte PV-System von Hemau mit 32740 Modulen (40000 m^2 Solarzellenoberfläche) hat eine nominale Leistung von 4 $MW_{e,n}$ (oft einfach 4 MW geschrieben). Unter Berücksichtigung der definierten eingestrahlten Leistungsdichte von $1 kW_s/m^2$ und einem Wirkungsgrad $\eta_e \approx 10$ % kommt man tatsächlich auf 4 $MW_{e,n}$.

Die lokale gemessene Leistungsdichte beträgt in Hemau 120 W_s/m^2 (statt nominal 1000 W_s/m^2), deswegen gibt das PV System tatsächlich nur

$$\frac{120}{1000} \cdot 4 \cdot 10^6 = 480 \text{ kW}_e$$

elektrische Ausgangsleistung ab. Das entspricht

$$480 \text{ kW}_e \cdot 8760 \text{ h} = 4{,}2 \text{ GWh/a}$$

Energieproduktion pro Jahr (a).

Hemau hat 4600 Einwohner mit ca. 1500 Haushalten, von denen jeder einzelne seinen Bedarf von etwa 233 kWh/Monat aus dieser PV-Anlage decken kann.

Die Investitionskosten (nach Tabelle 2.3, auf polykristalliner Basis) betragen etwa $16{,}8 \cdot 10^6$ $.

Die ***elektrische Ausgangsleistung*** (W_e) einer Solarzelle (bzw. eines Solarmoduls) hängt von der eingestrahlten ***Leistungsdichte*** W_s [W/m²] und von dem η Wirkungsgrad ab.

Der Wirkungsgrad, η

$$\eta = \frac{W_e\,[W/m^2]}{W_s\,[W/m^2]}$$

wird durch das Zellenmaterial bzw. durch den Zellentyp bestimmt und liegt zwischen 5-15 %. Theoretisch kann der Wirkungsgrad (η) auch bei kleinflächigen Solarzellen um die 25 % liegen. Bei intermetallischen Zellen, die in der Raumfahrttechnik Anwendung finden, kann man sogar 35-40 % erreichen.

Bei den derzeit noch in Entwicklung befindlichen Dünnschichtzellen, die u.a. fertigungstechnisch große Vorteile besitzen, kann man in 2010-2015 Wirkungsgrade > 15 % erreichen.

Die ersten kommerziellen monokristallinen Solarzellen wurden auf einer Silizium-(Si) Einkristallbasis hergestellt, einem Abfallprodukt der Halbleiterindustrie.

Infolge der ständig größer werdenden Produktion ist man auf polykristallines Silizium umgestiegen, das aus flüssigem Silizium gezogen wird. Die für die pn-Übergänge erforderlichen Dotierungen werden während des ***Ziehprozesses*** vorgenommen. Auf Grund des ungünstigen Quantenwirkungsgrades dieser Zellen, mussten die poly-Si-Schichten deutlich stärker ausgeführt werden (100-200 µm). Hierdurch hat sich der Preis proportional erhöht.

In Massenproduktion läuft derzeit die sog. a-Si:H (hydrogenated amorphous-Si) ***-Dünnschicht-Solarzelle,*** deren Schichten mit Plasma induzierten chemischen Dampfdepositionen hergestellt werden. Der Wirkungsgrad ist klein (s. Tabelle 2.3), es treten Degradationsprobleme auf; von daher ist eine Serienreife noch nicht erreicht.

Zurzeit wird überall auf der Welt intensiv geforscht, um eine optimale Lösung zu finden. Zur Erhöhung der Wirtschaftlichkeit laufen derzeit kostenintensive Versuchsreihen, um eine Produktionsreife zu erlangen.

Eine viel versprechende Zellentechnologie ist die sog. **CIS-** (Kupfer-Indium-Selen) ***Dünnschichtzelle***. Unter Laborbedingungen hat man mit diesen Zellen Wirkungsgrade von η = 9-20 % im Wellenbereich von 2µm - 400 µm erreicht.

Eine Reihe von Firmen (Philips, Solarion GmbH/Leipzig, KRAFT Elektronik GmbH/Budapest) beschäftigt sich mit der Entwicklung der **CISCuT** (CIS on Cu tape) -Technologie, bei der die Zellen auf ein Cu- (bzw. auf ein spezielles Kunstoff-) Band aufgebaut werden. Mit dieser Technologie wären die Zellen *selbst* preisgünstig. Der Preis der kompletten Module wird jedoch im starken Maße auch von den zugehörigen Peripheriegeräte beeinflusst.

Der Wirkungsgrad und die Kosten sind für die verschiedenen derzeit (2004) kommerziell verfügbaren Zellentypen in Tabelle 2.3 zusammengefasst.

Tabelle 2.3

	Si (Monokristall)	**Si (Polykristall)**	**a-Si:H**	**CIS**
η_e	12-16 %	7-10 %	5-6 %	15 %
$\$/m^2$	700	420	200	450

Entwicklungspotentiale für die Zukunft erwartet man auch von Solarzellen auf organischer Basis.

2.5 Derzeitige und prognostizierte PV-Kapazitäten, - Kosten, -Programme

Die weltweiten PV-Kapazitäten können derzeit einige TWh/Jahr el. Energie (also einige 0,01 % der Weltproduktion) produzieren. Die größeren Projekte sind jeweils in der Größenordnung von 0,5 MW_e. Nach authentischen Prognosen (s. z.B. Trendbarometer Technik, Ed.: Prof. Dr.

H.J. Bullinger, Präsident der Frauenhoffer Ges., Hanser Verlag, 2004) werden wirtschaftlich und technisch geeignete PV-Systeme um 2015 marktreif sein. Danach kann in 2020 der Anteil der mit PV-Anlagen produzierten elektrischen Energie 1 % der weltweiten el. Kapazitäten ausmachen (s. Tab. 1.4).

In Deutschland erwartet man in 2025 einen el. Energiebedarf von 1100 TWh/a mit einem PV-Anteil von < 2 %, also mit etwa < 22 TWh/a. Ein Grossteil hiervon soll / sollte als Teil des EU-Projektes „$1 \cdot 10^6$ -Dächer mit Solarzellen“ realisiert werden. Ein ähnliches Programm wurde soeben in Kalifornien gestartet: Bis 2017 sollen $1 \cdot 10^6$ Haushalte mit Dachsolarzellen versorgt werden.

Obwohl größere PV-Projekte wahrscheinlich erst im Zeitraum 2020-2025 zu erwarten sind, ist davon auszugehen, dass **kleinere, autonome Systeme** zur Wohnwagen-, Mobiltelefon-, Tankstellenversorgung sich schon *in den nächsten Jahren durchsetzen werden.*

Die niedrigen Basisdaten verschleiern, dass **die Wachstumsrate** der PV-Produktion schon seit 10 Jahren bei ca. 28 %/Jahr liegt. Es ist damit zu rechnen, dass diese Dynamik bis 2025 anhalten wird. Die in 2002 produzierte aktive Solarzellenfläche ($3 \cdot 10^6$ m^2) wächst bis 2025 auf $876 \cdot 10^6$ m^2/Jahr.

Bedingt durch die Kosten wird kein größeres Wachstum möglich sein. Selbst in 2015 kostet 1 m^2 Solarzelle noch immer 260 $.

Aus dieser Kostenfalle gibt es vielleicht einen einfachen aber plausiblen Ausweg: das MIPPP (manufactury integrated photovoltaics power project) Nach diesem Geschäftskonzept gründet man zunächst eine kleine Firma zur Herstellung von Solarmodulprodukten, die möglicherweise mit Subventionen als Anschubfinanzierung rechnen kann. Die erste Jahresproduktion soll z.B. 5 $MW_{e,n}$/a betragen. Anstatt zu verkaufen setzt man im 2. Schritt die selbst produzierten Module in einem eigenen Solarkraftwerk ein und verkauft die selbst produzierte el. Energie (Netzeinspeisung). Ein Teil des so erzielten Gewinns wird kontinuierlich in die Erweiterung der Zellenproduktion investiert. Nach entsprechender

Kalkulationen kann eine Erweiterung des Betriebs bei positiver Bilanz problemlos durchgeführt werden (KRAFT GmbH in Thailand).

Eine Beschleunigung der Verbreitung der PV-Technologie könnten die beschlossenen EU-Programme erzwingen (12 % erneuerbarer Energieanteil bis 2020). Ein Teil dieser Programme ist das erwähnte $1 \cdot 10^6$ Dächer-Programm, das bis 2020 ~ 10^4 MW_e neue el. Kapazität verkörpern könnte. Der el. Energiebedarf der EU in 2020 wird voraussichtlich bei $1000 \cdot 10^3$ MW_e liegen. Das Dächerprogramm könnte also davon einen Anteil von 1 % decken.

3. WINDENERGIE, WINDKRAFTWERKE

3.1 Abschätzung des globalen Windenergiepotentials

Winde sind ***horizontale Luftströmungen,*** die durch horizontale Temperatur- bzw. Druckunterschiede zustande kommen und die dann von der durch Rotation der Erde entstehenden Coriolis-Kräfte bzw. von den bodennahen viskosen Reibungskräften beeinflusst werden.

Grundsätzlich und global gesehen sollte die dominierende Strömung eine Kreiszirkulation sein. Die heiße Temperatur der Äquatorregion treibt erst die Luftmenge in die Höhe, die dann in den obersten Troposphäreschichten (in 20-30 km Höhe) in Richtung Nord- bzw. Südpol strömen. Über den Polgebieten sinken sie in die unteren Troposphäreschichten und strömen unter Einfluss der ablenkenden Coriolis-Kräfte und Druckzonen zurück in Richtung Äquator. Diese Rückströmung bestimmt die sog. regulären Windrichtungen (s. Abb. 3.1).

Reguläre Winde *Abb. 3.1*

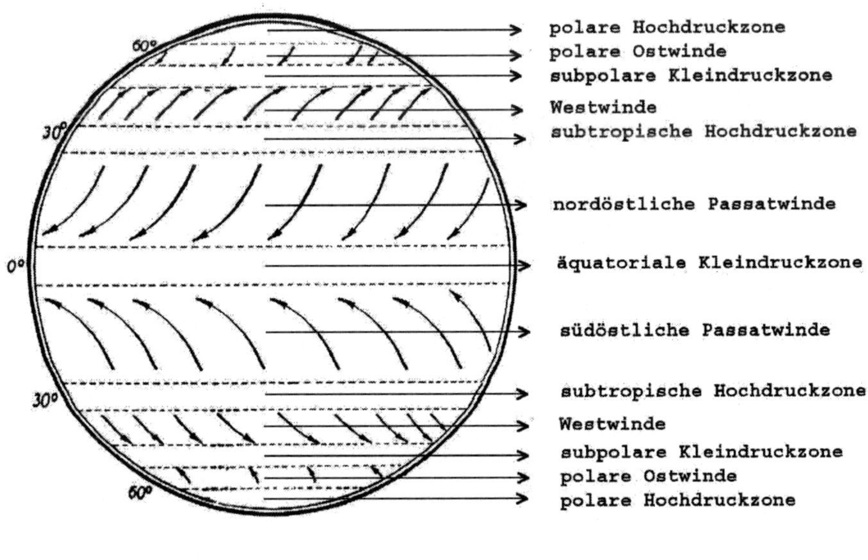

Die von den Windkraftwerken genutzten Winde sind nicht die regulären Winde. Die für die Kraftwerke typischen nutzbaren Winde entstehen aufgrund der Temperaturunterschiede zwischen den Ozeanen und Kontinenten bzw. Berggebieten und Tälern. Sie ziehen im Sommer vom Ozean in Richtung Kontinent und im Winter in umgekehrte Richtung, so wie die Küstenwinde tagsüber Richtung Küste ziehen und nachts Richtung Meer etc.

- Die primäre Quelle der kinetischen Windenergie ist die Sonnenstrahlung mit einem Jahresfluss am obersten Stratosphärenrand von

$$5{,}5 \cdot 10^{24}\ \text{J/a}$$

In dem Erde-Atmosphäre-System stellt sich durch Teilprozesse ein Strahlungsbilanz-Gleichgewicht ein; dabei werden

$$0{,}06 \cdot 5{,}5 \cdot 10^{24}\ \text{J} = 3{,}3 \cdot 10^{23}\ \text{J/a}$$

— dies entspricht 6 % der eingestrahlten Energie — *durch* ***Luftströmungen*** zwischen Erdoberfläche und Troposphäre ausgetauscht. Dieser Energiebetrag *wird von der Sonneneinstrahlung in der Troposphäre (bis 20 km Höhe) als Wind geliefert.*

Weil man diese Windenergie durch Windturbinen derzeit nur bis 200 m Höhe nutzen können, beträgt die **theoretische Obergrenze** des nutzbaren ***Windenergiepotentials*** etwa

$$0{,}01 \cdot 3{,}3 \cdot 10^{23}\ \text{J} \approx 10^{21}\ \text{J} = 1000\ \text{EJ/a}.$$

[Zum ähnlichen Ergebnis kommt das Wiener Institut ZAMG, Prof. H. Dobesch in der Studie: Basic meteorology... (2000).]

Technisch nutzbar (siehe Kap. 1.2)[23] sind von diesem Maximalwert nur 100EJ/a.

---

[23] Die Winde mit Windgeschwindigkeiten von 5-10 ms^{-1} an der Küstenregionen bzw. in den Berg-Tal - Windgebieten.

Aber auch die volle Ausnutzung dieser 100 EJ/a stößt auf finanzielle Grenzen. Um 100 EJ/a Windenergie für el. Energieproduktion zu nutzen, müsste man mindestens $3{,}2 \cdot 10^6$ Windkraftanlagen (mit je 1 MW_n Nennleistung[24]) aufstellen und dadurch etwa $800 \cdot 10^3$ MW_e el. Leistung aufbauen. Die Investitionskosten würden dann 10^{12} $ erreichen — also **eine irreale Summe!**

3.2 Mechanischer und elektrischer Wirkungsgrad einer Windkraftanlage (WKA)

Windkraftanlagen (WKA) bestehen im Wesentlichen aus *einem elektrischen Generator, der direkt* oder durch Getriebe an eine *Windturbine* ***(WT)*** gekoppelt ist. Diese besitzen in konkreten Ausführungen zur Regelung eine Windrichtungsnachführung, Bremsvorrichtung und Rotorblattverstellung. Darüber hinaus sind sie mit Messwerterfassung, Wechselrichter, Frequenzwandler und Transformatoren ausgestattet.

Eine ***Windturbine (WT, Windrad)*** *ist ein Energiewandler (Konverter)*, der einen Teil der *kinetischen Energie des Windes* (s. „mechanische Konvertierung") *in Rotationsenergie des Rotors*[25] bzw. der Achse (Welle) umwandelt.

Die kinetische Energie des Windes wird also *erst* in Rotationsenergie des Rotors und mit Hilfe eines angekoppelten Generators in el. Energie umgewandelt.

---

[24] Die ***nominale (Nenn-) Leistung*** wird bei Windturbinen als el. Spitzenleistung definiert (s. z.B. Abb. 3.5 mit einer Nennleistung von 600 kW_e)

$$\frac{100\ \text{EJ}}{31{,}54 \cdot 10^6\ \text{s}} = \frac{100 \cdot 10^{18}\ \text{J}}{31{,}54 \cdot 10^6\ \text{s}} = 3{,}17 \cdot 10^{12}\ \text{W} \approx 3{,}2 \cdot 10^6\ \text{MW}_n$$

Nach Erfahrung liegt die durchschnittliche el. Ausgangsleistung bei etwa 20-**25** % der nominalen Leistung.

[25] Der Rotor setzt sich aus der Nabe, dem Flügel (Blatter) und der Achse zusammen.

Im Prinzip gibt es zwei verschiedene Arten von Windturbinen oder Windrädern: **a**) mit horizontaler (waaggerechten) Achse; **b**) mit vertikaler Achse. Alle sind mit 2, 3 oder mehr Flügeln ausgestattet.

Bei den derzeit modernen WT-n haben sich die 3 Blatt-Rotoren mit horizontaler Welle durchgesetzt, die mit ***aerodynamischen, verstellbaren Rotorblättern*** ausgestattet sind.

Die modernen aerodynamischen Rotorblätter sind also in Windrichtung als Flügel- (Tragflächen-) Profile geformt, ähnlich wie bei den Flugzeugflügeln (für Flugzeuge unter Schallgeschwindigkeit), deren ***Blattwinkel*** ϑ einstellbar ist. Bei solchen Tragflächenprofilen entsteht u.a. eine zusätzliche, senkrecht auf die konvexe Seite des Flügels wirkende Auftriebskraft, die auf dem Flügelteil ein Drehmoment erzeugt.

- **Die mechanische Konvertierung**

Die Leistung P_0, die in einem Wind mit der Anströmgeschwindigkeit v_1 bezogen auf die dazu senkrecht stehende Fläche A wirkt, kann man wie folgt berechnen:

$$P_o = \frac{1}{2}(\rho_L v_1 A)\, v_1^2 = \frac{1}{2}\rho_L\, v_1^3\, A \qquad (3.1)$$

Abb. 3.2

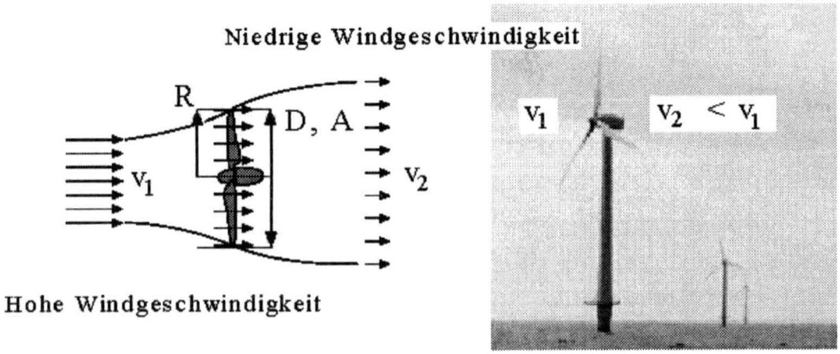

Während der Durchströmung des Rotors wird die Windgeschwindigkeit v_1 auf v_2 ($v_2 < v_1$) abgebremst (s. Abb. 3.2). Ein Teil der kinetischen Energie bzw. der entsprechende Teil der Windleistung P_o wird dem Wind entzogen. Wenn diese entzogene Energie *ganz* in Rotationsenergie des Rotors (und der Welle) übertragbar wäre, dann *liefert ein ideal arbeitender Windkonverter* die Leistung

$$P_{id} = \frac{1}{2}\rho_L(v_1^2 - v_2^2) \cdot \frac{1}{2}(v_1 + v_2) \cdot A \qquad (3.2)$$

(P_{id} = ideale Leistung). „A“ ist die von den Rotorflügeln bei einer Drehung überstrichene Fläche, also ist $A = \frac{D^2\pi}{4}$ oder $R^2\pi$. Die Grenzen sind erkennbar: P_{id} wird maximal wenn $v_2 = 0$ ist; dann ist eine Durchströmung in Prinzip verhindert. Für $v_1 = v_2$ ergibt sich eine Durchströmung ohne Energiegewinn. *Es ist ableitbar* [Betz], dass bei der Windenergiekonvertierung die ***theoretisch maximale Turbinenleistung*** ($P_{T,theor.,max}$)

$$P_{T,theor,max} = C_{m,max} \cdot \frac{\rho}{2} v_1^3 A \qquad (3.3)$$

durch das Verhältnis $v_2/v_1 = 1/3$ gegeben ist, mit $C_{m,max} = \frac{16}{27} = 0{,}593$.

Die **von der Windturbine** (WT) praktisch aufgenommene ***reale Turbinenleistung*** (P_T) wird durch die Formel:

$$P_T = C_T(\lambda,\vartheta) \cdot \frac{\rho_L}{2} v_1^3 A \text{ [W]} \qquad (3.4)$$

angegeben, wobei der reale Wirkungsgrad (auch Leistungsbeiwert genannt) der Turbine mit $C_T(\lambda, \vartheta)$[26] anstelle von $C_{m,max}$ bezeichnet wird.

---

26 $$C_T(\lambda, \vartheta) = \frac{P_T}{P_o} \qquad (3.5)$$

$$\lambda = \frac{v_B \text{ (Bahngeschw. der Blattspitze)}}{v_1 \text{ (Windgeschw.)}} = \frac{R\,2\pi\,n}{v_1} \qquad (3.6)$$

Der Leistungsbeiwert hängt von der sog. ***Schnelllaufzahl λ*** (indirekt von der Drehzahl n)[27] **und von** dem einstellbaren ***Rotorblattwinkel (ϑ) ab.***

Die nächste Abbildung zeigt die Leistungsbeiwerte C_T von verschiedenen Windräder als Funktion der Schnelllaufzahl λ.

Abb. 3.3

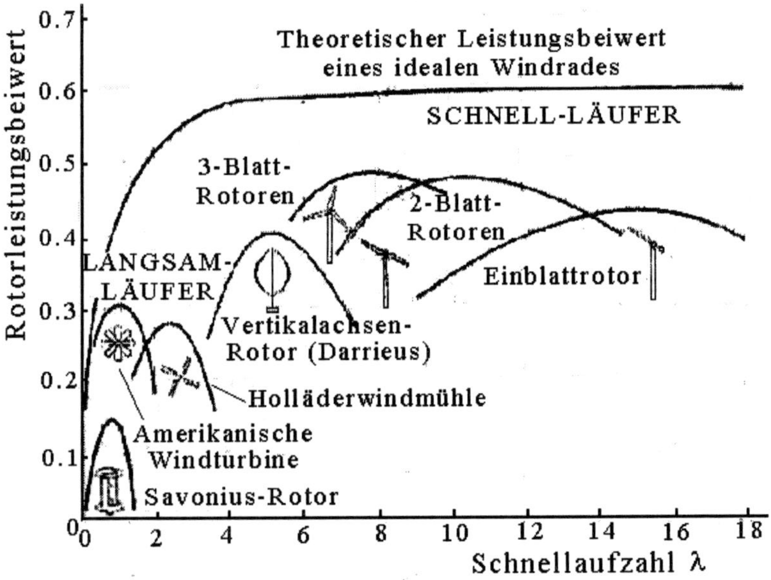

Die Windturbinen müssen also nach Form und Stellung der Windstärke v_1 angepasst werden, um einen optimalen Auftrieb (d.h. einen typenspezifisch maximalen C_T-Wert) und damit eine optimale Turbinenleistung $P_{T,opt}$ zu erzeugen. Dieses wird z.B. bei Dreiblattrotoren etwa bei $\lambda = 7$ mit $C_T \approx 0{,}48$ erreicht (s. Abb. 3.3).

---

[27] $C_T(\lambda, \vartheta) = \frac{P_T}{P_o}$

Nach der Gleichung 3.6 folgt, dass eine optimale Turbinenleistung nur bei gewissen v_1- n- Wertpaaren erreicht werden kann, z.B. bei einem Dreiblattrotor mit R = 22 m Rotorradius bei

n [s^{-1}]	0,3	0,35	0,56	0,71
(Min^{-1})	(18)	(21)	(33,6)	(42,6)
v_1 [ms^{-1}]	5,92	6,9	11,04	14

d.h. bei $\lambda = 7$.

Bei den modernen Windturbinen ist die Drehzahl n durch den computergesteuerten Blattwinkel ϑ in gewissen Grenzen [z.B. bei der Enercon E-40 (R = 22 m) zwischen 18 U/Min (n = 0,3 s^{-1}) und 34 U/Min (n = 0,57 s^{-1})] **einstellbar**. Man kann also den optimalen λ-Wert z.B. ($\lambda \sim 7$) bei verschiedenen v_1-Werte einstellen.

Die einstellbaren Turbinendrehzahlen n_T[28] sind durch die Drehzahl n_G des angekoppelten Generators eingeschränkt: Die Windkraftanlagen dienen zur el. Energie-(Strom-)Erzeugung. Der erzeugte el. Strom wird allgemein in das öffentliche Netz eingespeist und muss deswegen gewisse Parameter und Qualitätskriterien erfüllen. Für die Netzspannung (bzw. Strom) ist z.B. die Frequenz (f) rigoros festgelegt:

f = 50 Hz (in der USA 60 Hz)

wobei f durch die Drehzahl n_G[28] und die Polzahl (p_G) des Generators bestimmt wird:

$$f = n_G p_G, \qquad n_G = \frac{f}{p_G} = \frac{50}{p_G} \tag{3.7}$$

Die Polpaarzahl p_G ist bei einem Generator entweder gegeben oder bei Generatoren mit Polzahlumschaltung modifizierbar. Allgemein ist eine Polzahlumschaltung 1:2 möglich. In diesem zuletzt erwähnten Fall kann man also max. 2 Generatordrehzahlwerte einstellen, wobei der optimale λ-Wert (λ=7) erreicht werden kann. Solche Möglichkeiten mit den

---

[28] Bei modernen WKA-n ist die Turbine T direkt mit dem Generator G ohne Getriebe gekoppelt, also $n_G = n_T$.

zugehörigen Bedingungen sind in den beiden ersten Spalten der Tab. 3.1 aufgezeigt.

Tabelle 3.1

	1.	*2.*	*3.*
$n_T = n_G$	0,3 s^{-1} (18 Min^{-1})	0,6 s^{-1} (36 Min^{-1})	0,3 s^{-1} (18 Min^{-1})
v_B (Bahngeschw.) [ms^{-1}]	41,46	82,9	41,46
v_1 (Wind) [ms^{-1}]	5,96	11,8	10,3
λ	6,95	7	4
p	166	83	166

Bemerkung: Es wurde mit R = 22 m Rotorradius gerechnet.

• *Bisher wurden alle Werte mit einer konstanten Geschwindigkeit v_1 berechnet.* Die Windgeschwindigkeit ändert sich aber dauernd. Charakterisieren kann man das nur mit Hilfe eines ***Wahrscheinlichkeitsdichte - v_1 - Histogramms.*** Einen solches Histogramm (Häufigkeitsverteilung) zeigt die Abb. 3.4. Mit Genehmigung von EON wird als Beispiel die ungarische Windanlage Kulcs dargestellt [Dr. Z. Korényi: Ungarische Energetik 2002/4, in Ungarisch]):

Abb. 3.4

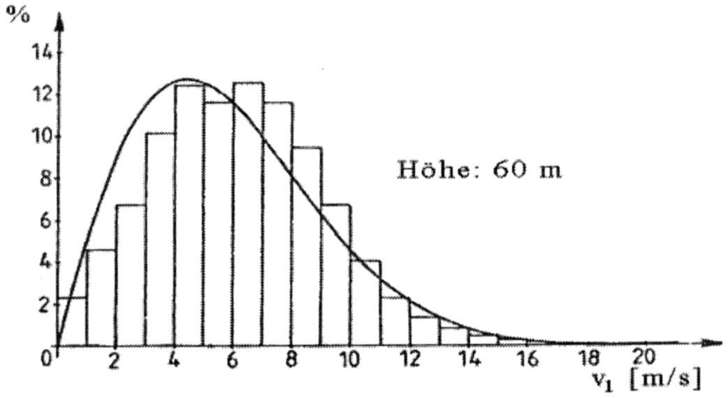

Wahrscheinlichkeitsdichte von verschiedenen Windgeschwindigkeiten

Die durchgezogene Kurve ist die Wahrscheinlichkeitsdichte-Kurve der Weibull-Statistik-Verteilung.

Den Vergleich dieser Verteilung mit der Leistungskurve einer Windkraftanlage (Generatortyp E-40 der Firma Enercon) zeigt Abb. 3.5.

Abb. 3.5

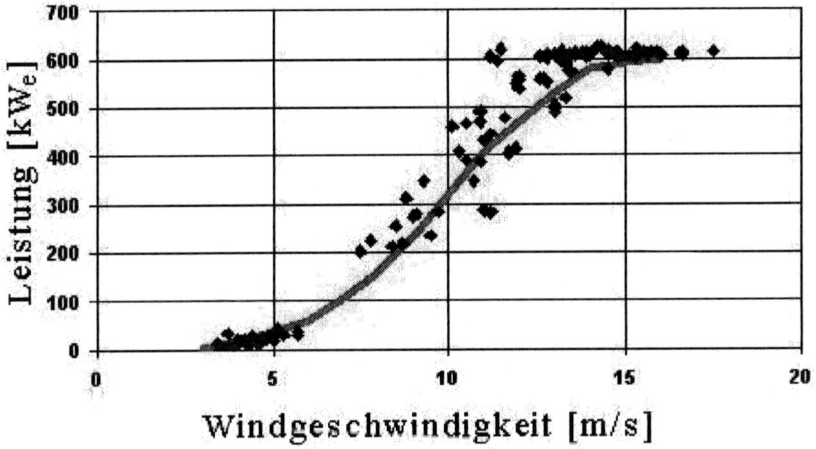

Man sieht, dass die Anlage bei 3,5 ms^{-1} (12,6 km/h) Windgeschwindigkeit startet (Startgeschwindigkeit) und bei etwa v_1 = 14-15 ms^{-1} eine Sättigung der abgegebenen el. Leistung (kW_e) erreicht. Diese maximal erreichbare Leistung wird als Nominal- oder ***Nennleistung***, die zugehörige Geschwindigkeit v_1 als ***Nenngeschwindigkeit*** bezeichnet. Die dargestellte konkrete Leistungskurve ist typenspezifisch (siehe Abb. 3.3). Die Start- bzw. Nenngeschwindigkeiten z.B. sind bei verschiedenen Typen unterschiedlich. Alle Typen aber zeigen die gleiche Tendenz, nämlich, große Anlagen starten z.B. bei höheren Geschwindigkeiten v_1. Der Nennwert wird von aerodynamischen und konstruktiven Faktoren bestimmt: Bei hohen Geschwindigkeiten v_1 (v_1 > 25 m/s) ist die Konstruktion überfordert. Bei etwa v_1 = 20 m/s (weit über der Nenngeschwindigkeit) kommt es zum ***Strömungsabriss*** (Englisch: stall), und die aufgenommene und damit auch die abgegebene Leistung bricht ab. Aus Stabilitätsgründen muss man bei v_1 = 25-30 ms^{-1} die Anlage abschalten. Wird das allein nicht durch den Strömungsabriss erreicht, muss die WKA durch eine Regulierung bzw. Bremsvorrichtung zum Stillstand gebracht werden.

- Oben wurde erwähnt, dass eine WKA nur auf eine gewisse Nenngeschwindigkeit v_l ausgelegt werden kann. **Auf welche Geschwindigkeit v_l soll eine WKA angepasst werden?** *Diese Entscheidung wird durch technische und wirtschaftliche Randbedingungen bestimmt und ist abhängig vom* ***örtlichen*** *Windgang und vom Generator!*

Man denkt zunächst, dass die Größe der Leistung entscheidend von der Nenngeschwindigkeit bestimmt wird. Das Histogramm zeigt aber, dass diese Annahme **falsch** ist: Die Nenngeschwindigkeit (z.B. 15 m/s in Abb. 3.5) hat eine kleine Wahrscheinlichkeit / Häufigkeit (ca. 0,3 / siehe Abb. 3.4). Richtig aber wäre, *die Geschwindigkeit* v_l *mit der maximalen* Wahrscheinlichkeit zu wählen. Das erkennt man, wenn man die zu den verschiedenen Windgeschwindigkeiten v_l gehörenden Leistungsdichtwerte bzw. die mit der Häufigkeit p gewichteten und auf 1 normierten ($\frac{p\%}{100}$) Leistungsdichten[29] analysiert (siehe Tab. 3.2).

Die Tabelle 3.2 zeigt, dass die Nenngeschwindigkeit bei Typ E-40 (14-15 ms^{-1}/ siehe Abb. 3.5) eine kleine Häufigkeit [0,5-0,3 %] hat und deshalb nur zu einem kleinen Anteil zu der Leistungsdichte (bei 14-16 ms^{-1} insgesamt 17,1/200,9 = 0,085, also 8,5 %) beiträgt.

Man sieht in Abb. 3.4, dass auch bei kleinen Geschwindigkeiten bis 3,5 m/s dieser Anteil fast vernachlässigbar ist. **Es ist deshalb zweckmäßig, für diesen Ort die Konstruktion von WKA-n für Geschwindigkeiten zwischen 6-11 ms^{-1} auszulegen, wo der Leistungsbeitrag (mit optimal gewählter Drehzahl) ein Maximum hat (s. Tabelle 3.1).**

---

[29] Auf die Rotorfläche $A = R^2\pi = 1\ m^2$ bezogen.

Tabelle 3.2

V [ms^{-1}]	$\frac{\rho_L}{2}\cdot v^3\left[\frac{W}{m^2}\right]$ [30]	$\frac{p\%}{100}=p$ [31]	p·v [ms^{-1}]	$p\cdot\frac{W}{m^2}$
1	0,61	0,045	0,045	0,027
2	4,90	0,065	0,130	0,320
3	16,50	0,100	0,300	1,650
4	39,20	0,125	0,500	4,900
5	76,50	0,115	0,575	8,800
6	132,30	0,120	0,720	15,900
7	210,10	0,115	0,805	24,160
8	313,60	0,092	0,736	28,850
9	446,50	0,065	0,585	29,000
10	612,50	0,040	0,400	24,500
11	815,20	0,023	0,253	18,700
12	1058,40	0,013	0,156	13,760
13	1345,70	0,010	0,130	13,460
14	1680,70	0,005	0,070	8,400
15	2067,20	0,003	0,045	6,200
16	2508,80	0,001	0,016	2,500
17	3009,20	0	0	0
18	3572,10	0		
				<200,9>
		$\Sigma \sim 1$	<v> = 5,33	<v> = 6,9[32]

Man sieht auch, dass die leistungsgewichtete Durchschnittsgeschwindigkeit 6,9 ms^{-1} beträgt. Die mit diesem Wert kalkulierten Leistungsdichten entsprechen dann $200{,}9\,\frac{W}{m^2}$ also ca. das Doppelte im Vergleich zu einer angenommenen Windgeschwindigkeit von 5,3 ms^{-1}, welche eine Leistungsdichte von $92{,}36\,\frac{W}{m^2}$ ergibt.

---

[30] ρ_L Luftdichte [kg m^{-3}]; Standardwert in der Windindustrie (trockene Luft auf Meereshöhe bei 15°C) : $1{,}225\frac{kg}{m^3}$ also $\frac{\rho}{2} = 0{,}6125\frac{kg}{m^3}$

[31] von dem obrigen Histogramm bei v = 1,5; 2,5; 3,5 m/s etc.

[32] $\frac{200{,}9}{0{,}61} = v^3$, <v> = 6,9 ms^{-1}

Wir stellen fest, dass die Nenngeschwindigkeit (in unserem Falle 15 m/s) etwa das Doppelte von der leistungsgewichteten Geschwindigkeit <v> (also 6,9 m/s) beträgt. Das ist ein guter Richtwert für alle 2-3 Blatt-Flügelrotoren.

Wenn der Wind mit einer Geschwindigkeit v_l zwischen 5,96 ms^{-1} und 11,8 ms^{-1} weht, muss die Drehzahl durch eine Regelautomatik eingestellt werden. Stellt man z.B. bei v_l = 10,3 ms^{-1} die Drehzahl durch Regelung auf 0,3 s^{-1}, dann (s. Tabelle 3.1, Spalte 3.) kann man nur eine Schnelllaufzahl $\lambda = 4$ erreichen. Das entspricht einem Wirkungsgrad von 0,24 (s. Abb. 3.3). Dieser Wirkungsgrad (0,24) ist etwa 50 % des maximalen mechanischen Wirkungsgrades. Ergo, die Windenergie wird nicht maximal ausgenutzt, **denn durch die Drehzahlregulierung gehen bei dieser Einstellung 50 % der nutzbaren Windenergie verloren.**

- **Der el. Wirkungsgrad (η_e) einer WKA**

Der η_e-Wert kann durch Computerprogramme in erster Nährung kalkuliert werden. Aus dem örtlichen Histogramm wählt man dazu die optimale WKA sowie den Generator mit einstellbarer Polpaarzahl und rechnet den durchschnittlichen Verlust der Drehzahlregulierung aus. Die elektrischen Teile einer WKA haben selbst einen hohen — ca. 96 %-igen Wirkungsgrad.

Das Ergebnis kann man zu einem Richtwert zusammenfassen:

η_e beträgt 22-25 % der Nennleistung

Beispiel: Die Anlage in Abb. 3.5 mit einer Nennleistung von 600 kW_e gibt pro Jahr 1210 MWh el. Energie ab. Bei dieser Nennleistung wären das

$$\frac{600 \cdot 10^3 kW_e \cdot 31{,}54 \cdot 10^6 s}{3600 s/h} = 5200 MWh .$$

Dies entspricht etwa 23 % der maximalen (theoretisch erreichbaren) Jahresproduktion an el. Energie bei Nennleistung $(\frac{100\% \cdot 1210 MWh}{5200 MWh} \approx 23\%)$.

3.3 Technische Probleme, Umweltfreundlichkeit bzw. Landschaftsverträglichkeit

Technische Probleme

• Die installierten WKA-n arbeiten — bis auf spezielle Ausnahmen (autonome WKA-n) — netzgekoppelt (grid-parallel).

Trotz Optimierung der Stromqualität (Spannung, Frequenz, Phasenlage u. –folge) beeinflussen die angeschlossenen WKA-n die Stromqualität des Netzes z.B. durch das An- bzw. Abschalten. Ältere Netze sind in der Regel nicht oder nur bis zu einem gewissen Grad geeignet, stochastisch eingespeiste Energie aufzunehmen.

Probleme gibt es vor allem dann, wenn der WKA-Strom in erheblichem Masse eingespeist werden soll, aber die Verbraucherseite das nicht aufnehmen kann. Dann müssen Gas- oder Ölkraftwerke vom Netz genommen werden, oder die überschüssige Energie muss z.B. mit Hilfe von Pumpstationen (Wasserreservoir) gespeichert werden.

• Windparks von ökonomischer / industrieller Bedeutung für das öffentliche Netz haben eine minimale Leistungskapazität von etwa 50 MW_n (also etwa 10 MW_e). Dazu muss man in Gebieten mit günstigen Windverhältnissen etwa 50 Einheiten von 1 MW_n oder z.B. 20 Einheiten von 2,5 MW_n in Windfarmformation installieren. Diese haben einen Flächenbedarf von etwa 5-7 km^2.

Eine Windfarm benötigt also im Gegensatz zu einem traditionellen Kraftwerk eine viel größere Fläche nämlich 100-150 m^2/kW_n, während ein Gasturbinen- Kraftwerk einen Flächenbedarf von nur 2-4 m^2/kW_e benötigt.

• Es ist eine allgemeine Grundforderung, dass Konfigurationen von Windkraftanlagen bezüglich visueller bzw. ästhetischer Gesichtspunkte **landschaftsverträglich sein sollen** und damit **landschaftsplanerisch** akzeptiert werden. Windfarmen, die in einer Linie oder in einer Matrixformation aufgestellt sind, werden daher allgemein eher akzeptiert. Die riesigen Anlagen (z.B. 100 m Turmhöhe und 40-50 m Rotorradius) werden deshalb häufig hellgrau mit nicht reflektierenden Farben gestrichen. Drehzahlen von etwa 30-40 Umdrehungen pro Minute sind bei 3-Blatt-Rotoren nur wenig störend.

- Wegen der **Flugsicherung** muss man solche Anlagen dreidimensional **visualisieren (markieren)**. Die Debatte über die Vorschriften ist noch im Gange. Ein Visualisierungssystem mit verschiedenen Farben und Lichtstärken könnte eine Lösung sein.

- **Schall- und Rauschpegel**. Bei neueren Anlagen ist die Schallemission auf Grund des erreichten technischen Niveaus unerheblich. Die großen, modernen Anlagen (als Punktquellen betrachtet) haben am Ort typischerweise einen Schallpegel[33] von 90 dB(A) (ohne Getriebe 80-82 dB(A)), der mit der Entfernung invers-quadratisch abklingt:

Abb. 3.6

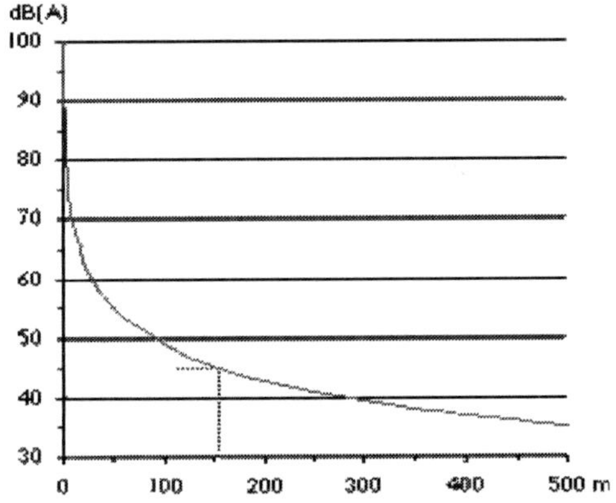

Schallausbreitung und Entfernung: Invers-quadratisches Gesetz

Eine Windfarm hat in 300 m bzw. 500 m Entfernung einen Schallpegel von 60 bzw. 50 dB, der durch komplizierte Überlagerungen der einzelnen

[33] dB: Die Dezibel-Skala ist eine logarithmische Skala für Leistungen und leistungsproportionale Größen. Man misst die Schallenergie bzw. Schallintensität in einer solchen Skala. Das bedeutet z.B., dass bei einer Verdoppelung der Schallintensität, der dB-Index mit ungefähr 3 steigt. Ein Schallpegel von 100 dB(A) z.B. enthält doppelt so viel Schallenergie wie 97 dB(A). Die dB(A) Skala ist frequenzabhängig und für WKA-n geeignet.

Schallquellen ermittelt wird. Im Vergleich dazu, beträgt der äquivalente Dauerschallpegel im Stadtverkehr 90 dB, in Büroräumen etwa 60 dB und das Blätterrauschen der Bäume 20 dB.

Darüber hinaus kann durch die Installation von WKA-n auf dem Meer oder in nicht bewohnten Gebieten eine konkrete Betroffenheit durch Schallimmissionen und Schlagschatten weitgehend ausgeschlossen werden.

- ***Schatteneffekte* der Windkraftanlagen.** WKA-n werfen wie alle hohen Bauwerke in ihrer Umgebung bei Sonnenschein einen Schatten. In einer Situation, in der die Sonne scheint, der Wind weht, der Rotor sich dreht und der Schatten ständig dem Lauf der Sonne folgt, kann es in der Nähe der Anlagen zu unangenehmen Effekten kommen. Der Rotor wirft ständig einen **flackernden Schatten**, der auch landläufig als Discoeffekt bezeichnet wird.

- ***Einfluss*** auf ***Vögel*** und bei Offshore-Anlagen auf die ***Wasserökologie***. Der oft wiederholte Hinweis von Umweltschützern auf diese „Gefahr" ist stark übertrieben. Die Vögel ändern ihre Flugrute und umfliegen die Anlagen, wie z.B. Beobachtungen in Tjaereborg im Westen Dänemarks zeigen. Die unter Wasser lebenden Tiere werden von einer Offshore-Windfarm in den Küstengewässern weniger gestört, als von der Schifffahrt.

- **Einfluss auf Funk-Verbindungen.** WKA-n können Nachrichtenübertragungen im Mikrowellenbereich durch Interferenzen stören. Zur Vermeidungen von Störungen durch Reflektionen an den rotierenden Blättern werden Rotoren bevorzugt, die aus Verbundwerkstoffen mit Karbonfasern gefertigt sind.

3.4 Windkarten, örtliche Verteilung, installierte Kapazitäten

Die Planer von Windturbinen benutzen in erster Nährung Windkarten (Windatlanten), die den Jahresdurchschnitt der lokalen Windgeschwindigkeiten weltweit angeben. Detaillierte, allgemein verfügbare

Windkarten gibt es in allen Industrieländern. Mittlerweile kann man Windkarten auch von Mittelosteuropa und von Asien erhalten, allerdings sind diese noch nicht in den großen Windatlanten vollständig veröffentlicht. Die Karten liefern Informationen über die örtliche Verteilung von Jahresdurchschnittswerten. Sie enthalten Grundlagen und liefern Entscheidungshilfen für die Konfiguration wirtschaftlich arbeitender Windkraftwerke mit den zu den jeweils ausgewählten WKA-Typen passenden Turbinen und Generatoren.

Einige der wichtigsten Karten sind:

- Battelle Wind Energy Resources Atlas (http://www.awea.org/faq/usresource.html)
- Wind Resources in the Upper Midwest (United States) (http://www.nrel.gov/wind/uppermidwestanalysis.html)
- WASP – Wind Atlas Analysis and Application Program (http://www.wasp.dk/)
- European Wind Atlas (http://www.windatlas.dk/Europe/landmap.html)
- Wind Energy in Europe (http://www.ewea.org/index.php?id=180)
  EWEA: European Wind Energy Association

• **Installierte Kapazitäten.** Die Tabelle 3.3 zeigt die in den Jahren 1980-2005 **installierten Windleistungen in den USA, Europa und Asien**. Man sieht, dass derzeit Europa die USA weit überholt hat. Trotz dieser rapiden Entwicklungen, zeigen die Prognosen, dass keiner von den Grossen bis 2020 den 5 % Windanteil in der Elektrizitätsproduktion überschritten haben wird.

Ende 2005 betrugen die installierten Kapazitäten in Afrika 252 MW_n und in Australien 740 MW_n

Installierte WKA-Kapazitäten in [MW_n] *Tabelle 3.3*

Jahr	USA	Europa	Asien
1980	8	4	-
1985	947	54	k.A.
1990	1 492	488	k.A.
1995	1 678	2 494	622
2002	4 245	22 390	1 920
2005	9 149	40 234	7 022

- Die bis Ende 2005 in der **EU** installierten nominalen WKA-Kapazitäten (MW_n) sind in Tabelle 3.4 aufgelistet. Die erste Stelle dabei nimmt Deutschland mit 18500 MW_n ein, gefolgt von Spanien (10027 MW_n) und Dänemark[34] (3100 MW_n). Die neuste Prognose zeigt Tabelle 3.5.

Am 14.07.2003 hat Patrizia Hewitt (Minister für Handel und Industrie **Großbritannien**) eine historische Entwicklung verkündet: Großbritannien wird 3 von seinen windstärksten Gebieten 5 km vor der Küste verpachten, um dort 5000 Offshore-Windturbinen mit insgesamt 5000 MW_n Leistung zu installieren. Die Investitionskosten hierfür betragen 10 Mrd.$. Damit wird England 2 % seiner gesamten Energieproduktion (Verbrauch s. Anlage 3) aus Wind gewinnen.

In **Dänemark** wurde in 2002 18 % des Elektrizitätsverbrauch (31 TWh/a) aus Windenergie gedeckt sein. Man plant dort Offshore-Anlagen mit einer Gesamtleistung von 4100 MW_n noch vor 2030 in Betrieb zu nehmen. Damit wäre in 2030 18 % des dänischen Stromverbrauchs durch Wind gedeckt.

In **Frankreich** rechnet man bis 2010 mit einer Kapazität von 1500 MW_n.

---

[34] In Dänemark residieren die grösste WKA und Bauelemente Hersteller.

Eine 1 MW_n Offshore-Anlage kostet derzeit etwa 1,7 -2 Mio.$.

Tabelle 3.4

Aufgebaute Kapazitäten [MW_n] in der EU (Ende 2005)*

Deutschland	18428
Großbritannien	1353
Dänemark	3122
Niederlanden	1219
Belgien	167
Spanien	10027
Irland	495,5
Frankreich	757
Österreich	819
Portugal	1022
Italien	1717
Luxemburg	35
Schweden	500
Griechenland	573
Insgesamt:	**40234,5**

*Quelle: EWEA/2005.

Tabelle 3.5

Die neuste (2005) Prognose der EWEA für EU-Kapazitäten

2010	70000 MW_n
2020	180000 MW_n

Abbildung 3.7 zeigt die bereits installierten Windkraftanlagen in Europa

Abb.3.7

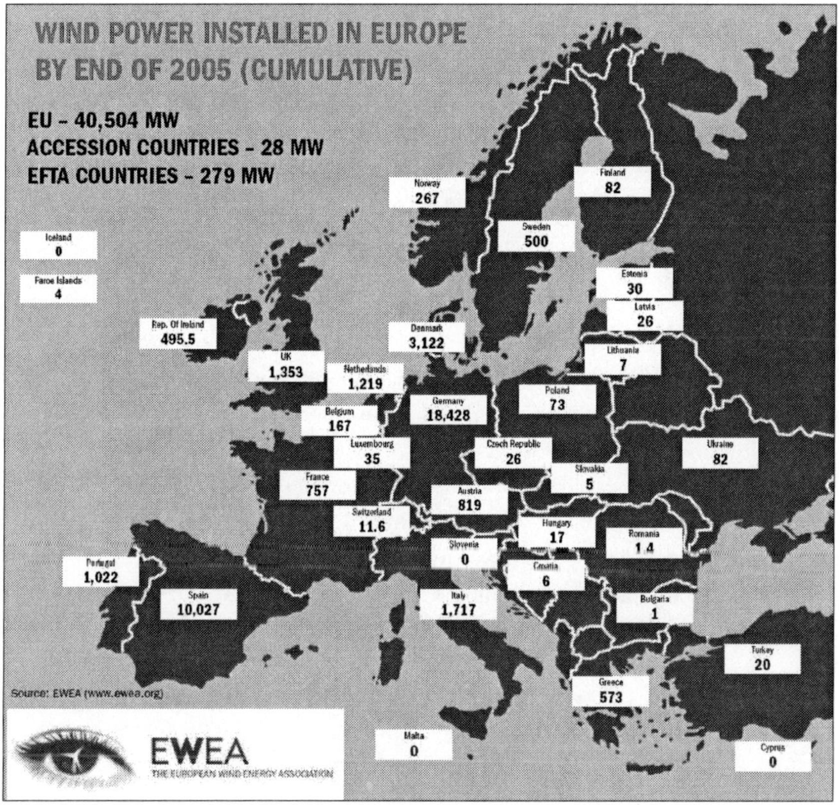

(Quelle: EWEA, 2005)

Deutschland ist in der Nutzung der Windenergie weltweit führend. Gesetzliche Regelungen haben seit Anfang der neunziger Jahre den Rahmen für diese Entwicklung geschaffen.

Langjährige Erfahrungen und technische Innovationen haben zu einer erheblichen Steigerung des Anteils der Windenergie an der Stromversorgung geführt. Deutschland ist mit rund 16000 Windkraftanlagen mit einer Nennleistung von mehr als 18000 MW_n das führende Windenergieland der Welt. Die erfolgreiche Nutzung der Windkraft erstreckt sich über das ganze Bundesgebiet.

Die Entwicklung zur weltweit führenden Nation für Windkraftnutzung beruht auf einem breiten gesellschaftlichen Konsens. Rund 80 % der Bevölkerung spricht sich für einen weiteren Ausbau regenerativer Energien aus, wie z.B. Windkraft. **Bereits heute deckt Strom aus Windkraft rund 6 % des deutschen Netto-Strombedarfs ab — Tendenz steigend**. Ebenfalls verbessert wurden die Wirtschaftlichkeit sowie die Leistungsfähigkeit der Windkraftanlagen. Standard sind inzwischen Windkraftanlagen mit einer Nennleistung von 1,5 bis 2 MW_n; Prototypen mit einer Leistung bis zu 4,5 MW_n befinden sich in der Erprobung.

Für die Zukunft der Windenergienutzung gibt es verschiedene Perspektiven. Wenngleich die Zahl geeigneter Flächen auf dem Festland zurückgeht, gibt es noch geeignete, bisher ungenutzte Standorte für Windkraftanlagen. Interessant für die Zukunft ist es, auch ältere Windkraftanlagen durch neue, deutlich leistungsfähigere Anlagen zu ersetzen (so genanntes "Repowering"). Weiterhin sind Windparks auf dem offenen Meer geplant (so genannte Offshore-Windparks).

Die Abbildung 3.8 zeigt die „Windkarte“ von Deutschland.

Abb. 3.8

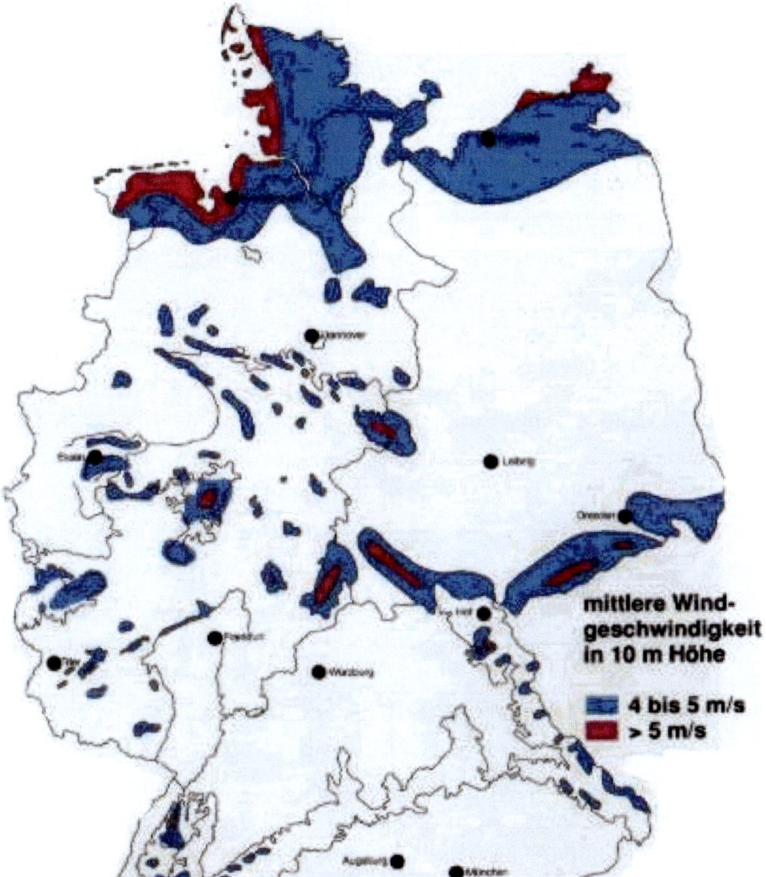

Windkarte von Deutschland

• In den **USA** betrug die im Jahr 2001/2002 aufgebaute Kapazität 4245 MW_n. Damit wurden 7 TWh/a durch Windenergie produziert (0,17 % des Gesamtverbrauchs der USA in 2001 oder der Gesamtverbrauch der Stadt Chicago bzw. des Staates Illinois mit $1 \cdot 10^6$ Haushalten). Aus der Tabelle 3.3 kann man entnehmen, dass in den USA die Nutzung der Windenergie in den neunziger Jahren zurückhaltend war. Die Ursachen liegen zum einen darin, dass in den meisten Staaten Subventionen kaum bzw. gar nicht gezahlt worden sind. Zum anderen wird auf die nächste WT-Generation gewartet, die auch kleinere Windgeschwindigkeiten mit höherer Effizienz ausnutzen können. Die USA haben $460 \cdot 10^3$ km^2 wirtschaftlich nutzbare Fläche mit einer Windklasse ≥ 4 (mit $\langle v \rangle = 6{,}5$ m/s). Dies entspricht 6 % der ges. Fläche der USA. Mit neuen WKA-n könnte eine Leistung von 80000 MW_n erreicht werden (s. Abb. 3.9).

Die Gesamtkapazität der derzeit installierten Windkraftanlagen in den USA beträgt 10039 MW_n (Stand 04 August 2006). Hieran sind Texas mit 2400 MW_n und Kalifornien mit 2323 MW_n beteiligt. Diese zusammen machen gut die Hälfte der gesamten Windstromproduktion aus. Kalifornien produziert 1,5 % der gesamten elektrischen Energieerzeugung durch Windkraftanlagen und 2 % in Atomkraftwerken. Nach Aussagen authentischer Quellen soll bis 2020 der Anteil an Windkraft 5 % betragen. Der Grund, warum Kalifornien und Texas bei der Windenergieproduktion führend sind, liegt darin, dass Kalifornien die erneuerbaren Energien stark subventioniert. Obwohl viele andere US-Staaten ebenso gute Windverhältnisse haben, gibt es dort wenig oder gar keine Förderung. Die Zentralregierung hat bisher keine eindeutige Subventionierungspolitik formuliert; eine Wende ist in den nächsten Jahren höchst wahrscheinlich. Daten über die Offshore-Windpotentiale der USA liegen den Autoren derzeit nicht vor.

Windkarte, USA *Abb. 3.9*

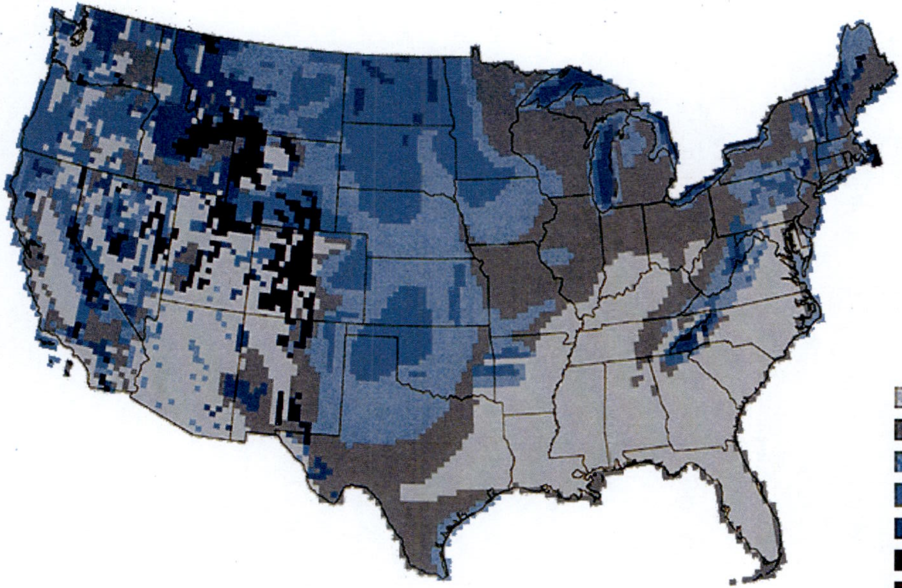

Wind-klasse	Wind Leistungsdichte	Windgeschw. [m/s]
1	< 200	< 5,6
2	200-300	5,6 - 6,4
3	300-400	6,4 - 7,0
4	400-500	7,0 – 7,05
5	500-600	7,5 - 8,0
6	600-800	8,0 - 8,8
7	> 800	> 8,8

• In **Russland** waren bis Ende 2005 14 MW_n Windleistung installiert.

• **Asien** entwickelte sich im Jahr 2005 zu der Weltregion mit der größten Dynamik, bei einer Wachstumsrate von 48 % kamen 2263 MW installierte Windleistung hinzu. Die gesamt Kapazität betrug 7022 MW.

• **China** konnte im Jahre 2005 einen großen Boom verzeichnen. Im Jahre 2004 war China in der Weltrangliste auf Platz 10 (764 MW); im Jahr 2005 ist China auf Platz 8 (1260 MW) aufgerückt Im Bereich der neu installierten Kapazität hält China nun den sechsten Platz in der Rangliste. Die chinesische Regierung verabschiedete 2005 ein Gesetz für erneuerbare Energien mit dem offiziellen Ziel, bis zum Jahre 2020 eine Erhöhung von 20 GW auf 30 GW zu erreichen. Dies stellt eine enorme Wachstumsrate dar.

• **Indien** steht nun an vierter Stelle in der Rangliste mit einer gesamten Kapazität von 4430 MW. Davon sind kürzlich erst 1430 MW hinzugekommen. Die Welt-Energiekonferenz 2006, die in New Delphi abgehalten wurde, sollte dem indischen Windsektor einen weiteren Impuls nach vorne geben.

• **Japan** hat bisher 1040 MW_n installiert.

• In **Australien** ist ebenfalls ein gewisses Wachstum zu erkennen. Die installierte Kapazität wurde von 193 MW auf 572 MW erhöht.

• In **Afrika** kamen nur 11 MW_n in den vergangenen Jahren hinzu. Trotz der hervorragenden Gegebenheiten repräsentiert Afrika nur 0,4 % (252 MW) der weltweiten Windkapazität. Neue Windfarmen könnten in der nahen Zukunft z.B. in Ägypten und in Marokko realisiert werden.

4. BIOMASSE, BIOMASSE-KRAFTWERKE

Unter dem Begriff **Biomasse,** genauer gesagt erneuerbare, regenerative Biomasse, verstehen wir in weitem Sinne die jährlich *durch die Photosynthese entstehende organische Stoffmenge* wie Holz, Gebüsche, Gras, Agrarprodukte, sowie *deren Sekundärprodukte.* Zu diesen Sekundärproduktionen zählen organischer Abfall, organischer Müll, Klärschlamm, organische Rückstände der Lebensmittel- bzw. Papierindustrie (Pulp) und auch das auf organischer Basis produzierte Biogas, Bioalkohol und Biodiesel.

Konkret (in einer Reihenfolge des energetischen Nutzungsgrades) können wir zwischen folgenden Biomasse-Arten unterscheiden:

- Der Zuwachs bewirtschafteter Wälder.
- In der Zukunft für die Energiewirtschaft direkt angepflanzte sog. Energiewälder mit schnell wachsenden Baumarten, wie Pappel-, Rubinien-, Weiden- und Eukalyptusbäume, die in 5-10 Jahren abgeholzt werden können.
- Klärschlamm von Kläranlagen, Deponiemüll zur Produktion von Biogas.
- Energiepflanzen für die Bioalkohol- bzw. Biodieselproduktion.
- Sonstige alternative Biomasse, wie Stroh-, Energiegraspellets, Gras, Laub, organische Haus- oder Agrarabfälle.

In diesem Kapital konzentrieren wir uns auf das in Biomassekraftwerken für die el. Energieproduktion benutzte Holzgut. Mit Biogas-, Biotreibstoffen beschäftigen wir uns in Kapitel 5.

4.1 Photosynthese, deren CO_2-Verbrauch und die jährliche Biomasse-Produktion

Nach authentischen Angaben entsteht durch Photosynthese etwa $180 \cdot 10^9$ t/a Biomasse, die in Trockenmasse (TM) angegeben wird.[35] In Kohlenstoff (C)-Gehalt umgerechnet entspricht das

$$0{,}4 \cdot 180 \cdot 10^9 t/a = 72 \cdot 10^9\ tCa^{-1}$$

einer Biomasseproduktion pro Jahr.[36] Davon entstehen 34 % in den obersten Ozeanschichten als pflanzlichen Planktonen und 66 % ($47 \cdot 10^9$ tC/a) auf dem Festland (s. Kap. 4.2).

Die Photosynthese nutzt Sonnenergie, um den Kohlendioxid (CO_2)-Gehalt der Atmosphäre mit Wasser (H_2O) zu Kohlenhydrate zu synthetisieren:

$$6CO_2 + 6H_2O \xrightarrow[Chlorophyl]{48 Sonnenlicht - Photonen} (CH_2O)_6 + 6O_2$$

Die für die Synthese relevanten Photonen haben eine Energie von $0{,}3 \cdot 10^{-18}$ J. Das entspricht einer Wellenlänge von 660 nm — also der roten Komponente des Sonnenlichtes.

Berechnet man die verbrauchte Strahlungsenergie für die Herstellung von $72 \cdot 10^9$ tC/a mit einem Wirkungsgrad der Photosynthese η = 30 % und unter der Annahme, dass für jedes C-Atom 8 Photonen benötigt werden, so ergibt das:

- $8 \cdot 0{,}3 \cdot 10^{-18}$ J = $2{,}4 \cdot 10^{-18}$ J/C Atom
- $6{,}02 \cdot 10^{23} \cdot 2{,}4 \cdot 10^{-18} = 1{,}445 \cdot 10^6$ J/mol C
  (1 mol beinhaltet $6{,}02 \cdot 10^{23}$ Atome, also 12 gC) also
  (1 kg = 1000 g, 1000:12 = 83 mol)
- $83 \cdot 1{,}445 \cdot 10^6 = 1{,}2 \cdot 10^8$ J/kg C

Das bedeutet mit η = 30 % *für 72 · 10^9 tC/a einen Energieverbrauch von*

---

[35] Claus Bliefert: Umweltchemie, VCH Verlag 1994, p.121. Die Angabe ist selbstkonsistent und identisch mit anderen Quellen.

[36] Die Zusammensetzung der Biomasse können wir in erster Nährung mit der Kohlenhydrat–Polymer– $[(CH_2O)_6]_n$ – Formel charakterisieren; das CH_2O- Molekül hat ein Molekulargewicht von 30 mit einem Kohlenstoffanteil von 12/30 = 0,4.

$$3{,}33 \cdot 72 \cdot 10^{12}\ [kgC] \cdot 1{,}2 \cdot 10^{8}\ [J/kg] =$$

$$= \mathbf{2{,}88 \cdot 10^{22}\ J/a = 2{,}88 \cdot 10^{4}\ EJ/a.}$$

Die für die gesamte Biomasseproduktion benötigte Energie beträgt etwa 1 % der einfallenden Sonnenenergie auf die gesamte Erdoberfläche (2,4 · 10^6 EJ/a).

Durch Photosynthese wird von einem Mol (44 g) CO_2 aus der Atmosphäre 12 g C in die Biomasse eingebaut.

Auf einem Waldgebiet von 1 Hektar befinden sich ca. 100 t Holz, also ≈ 40 tC/ha. Der durchschnittliche jährliche Zuwachs entspricht weltweit etwa 4 %, also 1,6 tC/ha. Dazu absorbiert der Wald

$$\frac{44CO_2 \cdot a}{12C} \cdot 1{,}6 \cdot 10^3 \frac{tC}{ha} = 5866kg \frac{CO_2 \cdot a}{ha}$$

bzw.

$$\approx 0{,}6\ kg\ CO_2/m^2 \cdot a.$$

Das Waldgebiet der Erde beträgt 3869 Mha, d.h. das weltweite Waldgebiet assimiliert

$$2{,}32 \cdot 10^{13}\ kg\ CO_2/a = 2{,}32 \cdot 10^{10}\ t\ CO_2/a =$$

$$= 23{,}2\ Gt\ CO_2/a.$$

Im Rahmen dieses Buches haben wir nicht die Möglichkeit, die gesamte Problematik des Treibhauseffekts und dessen Folgen detailliert zu diskutieren, z.B. die globale Erwärmung der Erde durch die Treibhausgase CO_2, CH_4 und der Freone ($CFCl_3$, CF_2Cl_2)]. Einige wenige Bemerkungen sind jedoch unerlässlich, und wir müssen ihnen den gebührenden Raum widmen.

Seit 250 Jahre gibt es Messergebnisse über den CO_2-Gehalt der Atmosphäre (Troposphäre). Es ist eine Tatsache, dass vor der Industrierevolution (~ 1850) die CO_2-Konzentration in der Troposphäre um die 290 vppm lag, dagegen liegt sie derzeit bei 360 vppm.

Die CO_2-Konzentration der Atmosphäre ist ein Resultat komplizierter Gleichgewichtprozesse zwischen Festland und Ozeanen. Um ein Gleichgewicht zwischen CO_2-Produktion, -Emission und -Verbrauch herzustellen, benötigt die Natur eine Ausgleichszeit von Jahrzehnten (wie z.B. durch die Photosynthese, die Umwandlung in stabile anorganische Verbindungen — z.B. in Karbonate — und die CO_2-Absorption in den Ozeangewässern). Noch länger dauert der Ausgleichprozess zwischen den obersten Schichten und der CO_2-freien Tiefe der Ozeane, nämlich etwa 200 Jahre.

Vor der Industrierevolution war das gesamte System im Gleichgewicht, jedoch erreichte die weltweite CO_2-Emission schon damals 800-850 Gt/a. Die anthropogene (menschliche) Emission — in erster Linie durch die Verbrennung fossiler Energieträger verursacht — war damals weniger als 1 Gt/a. Derzeit liegt sie aber schon über 30 Gt/a — etwa 3 % der überwiegend „natürlichen" Gesamtemission. Dieser scheinbar „kleine Anteil" ist jedoch wegen der langen Ausgleichzeiten ausreichend, um das in Jahrmillionen erreichte Gleichgewicht empfindlich zu stören. Die Ausgleichprozesse sind nicht nur sehr langsam sondern zunächst auch räumlich begrenzt. Diese Tatsache stellt nach unsere Meinung auch die ***Kyoto-Beurteilung*** in Frage: *danach ist die anthropogone Verbrennung der Biomasse in ihrer Bilanz CO_2-neutral.* Es wird während der Verbrennung nur so viel CO_2 frei, wie bei der Biomasse-Produktion (Zuwachs) verbraucht wurde. Dies wäre nur dann real, wenn der Zuwachs- bzw. Verbrennungsprozess in Zeit und Raum sehr eng zusammen lägen. Die Industriestaaten und der Regenwald sind dazu zu weit von einander entfernt. Diese Argumentation stellt auch das Geschäft mit CO_2-Zertifikaten[37] in Frage, wenn es zwischen weit auseinander liegenden Regionen stattfindet. Jedoch ist die Kyoto-Beurteilung derzeit noch politisch relevant. Aufgrund der politischen Beurteilung und der damit verbundenen Förderung lohnt es sich deshalb, Biomassekraftwerke zu bauen und zu betreiben.

---

[37] Das Kyoto-Abkommen *erlaubt* den Ländern, die ihre CO_2-Emissionsquote überschreiten, dass sie **a)** Quoten kaufen von Ländern, die ihre Quote nicht ausnutzen, **b)** die Quotenüberschreitung durch Anpflanzung von Wäldern irgendwo auf der Welt zu kompensieren.

4.2 Biomassegut der Erde, insbesondere das energetisch verwendbare Holzgut der Waldgebiete

*Unter Biomassegut verstehen wir die in Millionen von Jahren akkumulierte, durch Photosynthese entstandene „***lebende***" Biomasse,* so wie wir Biomasse in der Einleitung von Kapitel 4. definieren. Hieraus resultiert, dass wir die unter der Erde befindlichen photoinaktiven pflanzlichen Reste, wie Kohle, Erdöl und Erdgas, *nicht zu der Biomasse rechnen.* Diese sind jedoch auch in vielen Jahren durch Photosynthese entstanden (**abgestorbene Biomasse**).

Das Biomassegut auf dem Festland wird auf 10^{12} tC geschätzt, davon entfallen 40 % (also $0{,}4 \cdot 10^{12}$ tC) auf Waldholz, 9 % auf die Agrarvegetation und der Rest auf Tundra-, Savannen-, Marsch-, Sumpf- und Grasgebiete. *Zum Vergleich* (s. Kap. 4.1) *beträgt die „Festland-Biomasseproduktion" $47 \cdot 10^9$ tC/a.* Das Biomassegut auf dem Festland ist also das Resultat von etwa 100 Jahren Photosynthese. Das Waldgebiet der Erde wird mit 3869 Mha angegeben [FAO, Global Forest Resources, Main report 2000]. In demselben Report wird das *gemessene* Biomassegut der Wälder auf $0{,}4 \cdot 10^{12}$ tC geschätzt, also übereinstimmend mit dem oben angegebenen theoretischen Wert.

Das Holzgut der Wälder beträgt nach dem FAO Report

$$2{,}7 \cdot 10^{11}\text{t Holz}$$

und somit deren Kohlenstoffgehalt ca. $1{,}08 \cdot 10^{11}$ tC (Näherung mit Formel $(CH_2O)_n$ berechnet: $0{,}4 \cdot 2{,}7 \cdot 10^{11}\text{t} = 1{,}08 \cdot 10^{11}\text{t}$). Dieser Wert weicht offensichtlich von dem oben angegeben Wert $0{,}4 \cdot 10^{12}$ tC = $4 \cdot 10^{11}$ tC ab. Die Ursache dieser Abweichung liegt einerseits darin, dass die FAO in dem gemessenen Biomassegut auch die unterirdische Biomasse bis 1 m Tiefe (also z.B. ein Teil der Wurzeln) mit eingerechnet hat, anderseits entspricht die Zusammensetzung des Holzes nicht genau der Formel $(CH_2O)_n$, s. Tabelle 5.3. Wenn wir das Holzgut als erneuerbare Energiequelle betrachten wollen, dürfen wir nur mit dem jährlichen Zuwachs von 4 %/a rechnen. Der ökonomisch nutzbare Brennholzanteil beträgt etwa 40 % des Zuwachses; und bei der Annahme, dass wir die weltweiten Waldgebiete tatsächlich wirtschaftlich und zweckmäßig nutzen könnten, wäre das **jährlich energetisch nutzbare Holzgut** der Erde insgesamt

$$0{,}04 \cdot 0{,}4 \cdot 2{,}7 \cdot 10^{11} = 4{,}3 \cdot 10^{9}\ \text{t/a}$$

Dies entspricht **1,1 t/ha Wald.**[38]

Der entsprechende Heizwert (12,5 MJ/kg, s. Anlage 2) pro Jahr beträgt

$$4{,}3 \cdot 10^{9}\ [\text{t}] \cdot 12{,}5 \cdot 10^{3}\ [\text{MJ/t}] = 5{,}4 \cdot 10^{19}\ \text{J/a} = 54\ \text{EJ/a}$$

So groß ist die oberste Grenze des energetischen Potentials der Wälder. Würde dies in Biomassekraftwerken mit einem Wirkungsgrad für el. Energieproduktion von η = 30 % genutzt, könnte man damit eine el. Kapazität von

$$\frac{0{,}3 \cdot 5{,}4 \cdot 10^{19}\ [\text{J/a}]}{31{,}54 \cdot 10^{6}\ [\text{s/a}]} = 5{,}1 \cdot 10^{11}\ \text{W}_e = 5{,}1 \cdot 10^{5}\ \text{MW}_e$$

aufbauen. Das entspricht 15 % der weltweiten elektrischen Energieerzeugung in 2004 (s. Anlage 3). Hieraus wird deutlich, dass die Biomasse nur eine kleine Energiedichte besitzt: 1 ha Wald entspricht demnach etwa $1{,}5 \cdot 10^{-4}\ \text{MW}_e$ el. Energie.

Um die oben genannte durchschnittliche Brennholzausbeute (1,1 t/ha) zu erhöhen, muss man z.B. verstärkt die sog. ***Energiewälder*** anbauen. Die Energiewälder sind mit schnell wachsenden speziellen Baumarten (wie Pappel-, Rubinien-, Weiden- und Eukalyptusbäume) bepflanzt, die typischerweise nach 3-5 Jahren abgeholzt werden können. Erwartungsgemäß wäre dadurch 5-10 t/ha·a, (nach einigen Quellen sogar 20 t/ha·a) energetisch nutzbares Holz zu gewinnen. Die Energiewälder sind derzeit noch im Versuchsstadium (s. auch Kap. 4.5).

---

[38] $\frac{4{,}3 \cdot 10^{9}\ \text{t}}{3869 \cdot 10^{6}\ \text{ha}} = 1{,}1\ \text{t/ha}$

4.3 Analyse von Biomassekraftwerken

Im Folgenden wird anhand von Betriebsdaten ein Holzhackschnitzelkraftwerk des US-Konzerns AES in Ungarn (Borsod Energetikai Kft.) charakterisiert und hinsichtlich des Holzbedarfs analysiert (mit Genehmigung der Firmenleitung). Das Kraftwerk hat eine Leistung von 30 MW_e und ging Ende 2003 in Betrieb. Ähnliche Daten charakterisieren auch ein deutsches Vorzeigewerk in Stockelsdorf.

Turbinenleistung: 30 MW_e
Wirkungsgrad: η_e = 23-27 %
(Unsere Berechnungen erfolgten mit η_e = 27 %)
Kesselwirkungsgrad: 90 %
Kesseldruck: 75 bar
Dampftemperatur: 495 °C
Brennstoff: Holzhackschnitzel mit einem Heizwert von 12,5 GJ/t
Aschegehalt: 1 %
Schwefelgehalt: 0,01 %
Holzverbrauch /Jahr: $280 \cdot 10^3$ t

Das Waldgebiet der Partnerforstwirtschaft beträgt $250 \cdot 10^3$ ha. Die Partnerschaft beruht auf einem 10 jährigen Lieferabkommen.

Der Heizwert des Holz-Jahresverbrauchs beträgt

$$280 \cdot 10^3 \text{ t} \cdot 12{,}5 \text{ GJ/t} = 3{,}5 \cdot 10^{15} \text{ J} = 3{,}5 \text{ PJ}$$

Mit η_e = 27 % gibt das Kraftwerk

$$\frac{3{,}5 \cdot 10^{15} \text{ [J]} \cdot 0{,}27}{31{,}54 \cdot 10^6 \text{ [s]}} = 30 \text{ MW}_e$$

elektrische Leistung ab.

Da vom Wald nur der Brennstoffanteil des Jahreszuwachses (also 1,1 t/ha) genutzt werden kann, benötigt man für den Dauerbetrieb des 30 MW_e – Biomassekraftwerkes einen Lieferhintergrund von

$$\frac{280 \cdot 10^3 \text{ t}}{1{,}1 \text{ t/ha}} = 250.000 \text{ ha!}$$

Käme das Holz aus der Energiewald-Forstwirtschaft, brauchte man nur $280 \cdot 10^3$ t/10 t ha^{-1} = 28000 ha Energiewald.

Viele Biomassekraftwerke (auch das oben genannte der Firma AES) sind aus alten Kohlekraftwerken durch Erneuerung entstanden, da diese nach EU-Direktive derzeit abgeschaltet werden sollen. Die Erneuerung zahlt sich aus, denn als Minimalinvestition muss nur der Kessel ausgetauscht werden. Gegebenenfalls muss noch ein Häcksler angeschafft werden.

Für Hackholzschnitzel-kraftwerke sind am besten sog. Fluidbettkessel geeignet. Die Abbildungen 4.1a zeigt den prinzipiellen Aufbau von einem solchen Fluidbettkessel und (auf Abb. 4.1b) die zugehörige Düsenreihe.

Abb. 4.1a

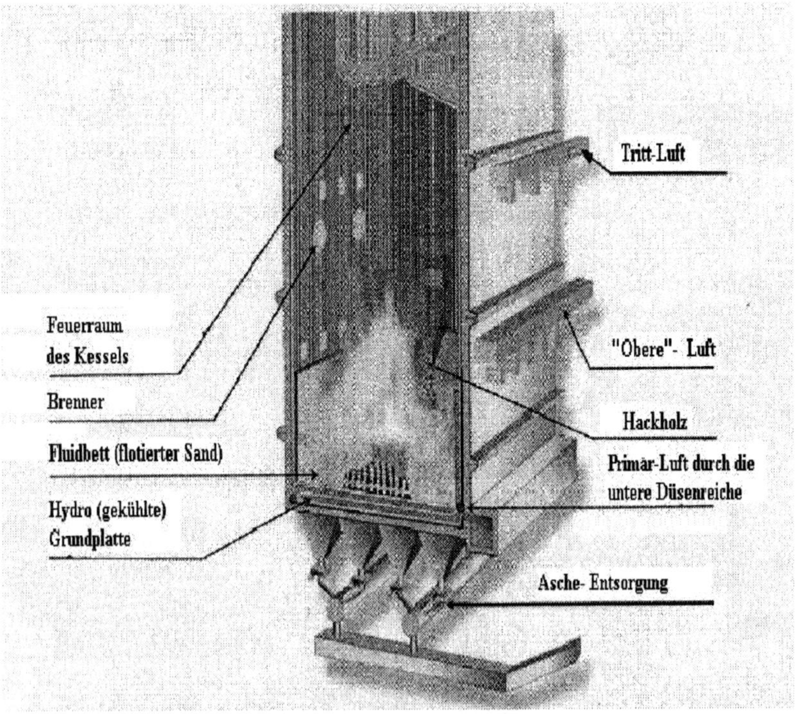

Schema eines Fluidbettkessels

Abb. 4.1b

Düsenreihe zur Einleitung der Primärluft

4.4 Andere energetisch nutzbare Biomasse-Ressourcen

Es wird viel vom sehr hohen Aufkommen an Baum-, und Agrarabfall gesprochen, das sogar viel größer sei, als das jetzt schon systematisch genutzte Aufkommen an Holz. Wir wollen diese Aussagen nicht weiter vertiefen. Um diese Kapazitäten zu nutzen, wird eine außerordentlich stringente Sammlungsorganisation benötigt. Tatsächlich findet man Biomassenkraftwerke auf dieser Basis nur in einigen Gegenden von Bayern und in Österreich.

Für diese „sonstigen Biomassen" sind Einfamilienhäuser, kleine Siedlungen und Farmen oder kleine Gemeinden die idealen geeigneten Verbraucher. Dazu stehen moderne Holzfeuerungsanlagen (mit η_{th}= 90 %), sowie kleine Biogasanlagen zur Verfügung. Für diese Feuerungsanlagen sind speziell vorbereitetes Hackholz (woodchips) oder „pellets" (s. Abb. 4.2) und spezielle Einrichtungen (Vorrats-, Transport- und Regelungssysteme) kommerziell verfügbar.

Abb. 4.2

Holzpellets für Kleinverbraucher

Es ist kein Zufall, dass in Werbeanzeigen eben solche konkrete Angebote für Kleinverbraucher erscheinen.

Organischer Hausmüll, Stallmist, Restholz, Gras und Stroh sind geeignete Energieträger, um z.B. mit Hilfe von Biogas Treibhausanlagen und Agrarbetriebe zu beheizen.

Aus Holzkohle (zum Grillen) wurde — obwohl volkswirtschaftlich bedeutungslos — eine sinnvolle Anwendung für energetische Biomassenutzung.

4.5 Warum ist die Biomasse (wieder) aktuell und wirtschaftlich geworden?

Bis Mitte des 18 Jahrhunderts hat der Mensch größtenteils noch Holz und andere traditionelle Biomassearten als Energieträger benutzt. Die Effizienz beim Verbrauch war klein. Bei offenem Feuer war der thermische Wirkungsgrad $\eta_{th} \approx 5$ %, in primitiven Öfen 10-15 %. 1940 war in der Primärenergiebilanz das Holz immer noch mit 23 % beteiligt.

Die Tatsache, dass die Biomasse um die Jahrtausendwende eine neue Renaissance erlebt, ist in entschiedener Weise auf zwei Ursachen zurückzuführen:

a.) Krisen bei den Kohlekraftwerken und in der Agrar- bzw. Forstwirtschaft

• Die alten Kohlekraftwerke, insbesondere die Braunkohlekraftwerke, dürfen in der EU nicht mehr länger betrieben werden oder nur dann, wenn sie mit sehr teueren Filteranlagen ausgerüstet werden.

Eine „Lösung" wäre z.B., dass sie auf Holz oder gemischten Holz-Kohle-Betrieb umgestellt werden.

• Europa hat derzeit insgesamt ein riesiges Überangebot an billigem Holz. Die Holzcellulose-Produktion für die Papierindustrie beansprucht weniger als 10 % der Holzproduktion und zeigt eine immer kleiner werdende Tendenz. Der Mienenholzbedarf ist inzwischen kleiner als 1 %. Die Preise werden durch die Spanplatten-Industrie dominiert.

Die Forstwirtschaftsbetriebe sehen in Holzkraftwerken eine mittelfristige Marktsicherheit und machen mit diesen 10-15 jährige Abnahmeverträge. In Teilen Deutschlands aber wächst aufgrund der zunehmenden energetischen Nutzung von Holz die Nachfrage und damit steigt der Preis drastisch. Für eine Investition in Energiewälder hätte man aber noch ca. 15 Jahre Zeit.

• Wegen der Agrarüberproduktion ist es für diesen Volkswirtschaftszweig sinnvoll, einen Teil seiner Produktionsfläche zeitweise für Energiepflanzen (für Bioalkohol, Biodiesel) nutzbar zu machen. Für den Staat ist eine Subventionierung eines solchen Anbaus noch immer sinnvoller, als die Subventionen für Brachflächen zu zahlen.

• Biomasse zu Energiezwecken zu benutzen, ist eindeutig eine sinnvolle **lokale Lösung** (z.B. Biogasherstellung aus lokalem Restmüll, Holzfeuerung in modernen Kesseln mit Holzpellets etc.).

• Sinnvoll ist es auch, den Klärschlamm und den selektiven Müll der Grosstädte zu Biogas zu verarbeiten. Hierin sehen wir eine gute Lösung, dem nicht ausweichbaren Problem der Müllbeseitigung Herr zu werden.

Selbstverständlich sind sich die Betreiber von Biomassekraftwerken darüber im Klaren, dass nur auf Waldholz ihre Zukunft nicht basieren kann, denn dessen Energiedichte (s. oben) ist zu niedrig. Ebenfalls können sie auch nicht sicher sein, wie lange der Staat die zurzeit gesicherten hohen Stromabnahmepreise aufrechterhalten wird. Sie gehen aber davon aus, dass sie ihre Biomassebasis erweitern können (s. Kap. 4.4).

b.) Das Kyotoabkommen und dessen Beurteilung über die Biomasse. Diese Problematik wurde bereits oben behandelt.

Die Biomasse ist regenerativ und ist in weitem Sinne eindeutig **umweltfreundlich**:

– Die SO_2-Emission der BKW-e ist gering. Der Schwefel-(S-) Gehalt des Holzes liegt bei ca. 0,01 %.

– Holz hat einen günstigen Aschenanteil. Sie kann sogar preiswert als Düngemittel eingesetzt werden (K-, N- Spurenelementengehalt).

– Obwohl die Verbrennungstemperatur nur um die 400 °C liegt, ist die NO_x-Emission bei diesen relativ niedrigen Temperaturen gering. Die Ursache liegt darin, dass die Biomasse einen hohen N-Anteil hat. Deswegen liegt die NO_x-Emission, wie bei anderen KW-Arten üblich, um die 500 mg/Nm^3 oder 0,02 vol%.

– Die allgemein verbreitete Meinung, dass die BKW-e gegenüber anderen Kraftwerken kleinere CO_2-Emissionen haben, stimmt allgemein so nicht. Diese hängt wesentlich vom jeweiligen Wirkungsgrad ab.

5. BIOGAS, BIOKRAFTSTOFFE

5.1 Biogasproduktion und deren energetische Anwendung

Biogase werden aus der photosynthetischen Biomasse, deren Abfälle bzw. Sekundärprodukte gewonnen. Aus Gründen einer wirtschaftlichen Zweckmäßigkeit dienen Klärschlämme, selektiv gesammelter organischer Hausmüll und hausmüllähnliche Gewerbeabfälle von Mülldeponien als Ausgangsstoffe.

Diese Biogasgrundstoff können unter Vernachlässigung eines möglichen Proteingehaltes (s. Kap. 4.1) in erster Nährung mit der chemische Formel

$$— (C_6H_{12}O_6)_n —$$

beschrieben werden.

Für energetische Zwecke werden diese „Grundstoffe" durch anaerobe (CH_4-) ***Methangärung*** mit methanogenen Bakterien in ein reines Biogas umgewandelt. Der zurückbleibende feste Rest beinhaltet Nitrate, Sulfate und die Abbauprodukte der Proteine.

Eine *typische* Zusammensetzung eines Biogases besteht aus **55**-70 vol% (Volumenprozent) CH_4, 42-27 vol% CO_2, < 1 vol% H_2 und < 3 % H_2S (Schwefelwasserstoff). Die Menge des entstandenen Biogases liegt bei etwa 180-340 m^3/t Biomasse. Aus 1 t Biomasse (Trockenmasse) gewinnt man typischerweise 100-190 Nm^3 Methan (bei 55 vol% CH_4-Gehalt).

Die konkrete Zusammensetzung und Gasmenge hängen selbstverständlich von der *Zusammensetzung* (optimales Kohlenstoff / Stickstoffverhältnis C/N = 10-16), der *Temperatur* (optimaler Temperaturbereich 30 °C < t < 55 °C),[39] bzw. dem *pH-Wert* (optimal

---

[39] Bei Temperaturen von über 55 °C läuft der Gärungsprozess in eine andere Richtung, und der Methangehalt sinkt.

pH = 7, also nahezu neutral) der Biomasse ab. Die Tabelle 5.1 gibt die Methanausbeute für verschiedene organische Basisstoffe wieder.

Tabelle 5.1

Basisstoff	Gesamtgasmenge Lit./kg	CH_4 Lit./kg	CH_4 vol%
Gemüse	340	291	85
Gras	386	216	56
Hausmüll	172	97	56
Laub	128	71	55
Zeitungspapier	168	94	56

5.1.1 Aufarbeitung von Klärschlamm

Die Klärschlammaufarbeitung wird unter anaeroben Bedingungen in einer Gäranlage mit einer Rührspirale durchgeführt. Um eine optimale Temperatur und Feuchtigkeit zu sichern, wird kontinuierlich die hierzu erforderliche Wasserdampfmenge zugeführt. Die Rührspirale mischt und transportiert gleichzeitig die Gärmasse. Am Ende der Anlage wird der nach der Gasentwicklung verbleibende Rückstand entfernt, und das Biogas kann unter einer Gasglocke aufgefangen werden.

Die quantitativen Verhältnisse werden an dem Beispiel der Stadt Budapest dargestellt.

Budapest verbraucht täglich durchschnittlich $8 \cdot 10^5$ m^3 Wasser, wovon 70 % in der Kanalisation bzw. Kläranlage landen. Eine bestimmte Kläranlage bearbeitet z.B. 54000 m^3 Klärschlamm pro Tag, dessen Trockenmasse 24 t beträgt. Die tatsächlich von dieser Kläranlage gewonnene Biogasmenge liegt um die 2400 m^3/Tag, die sich aus ca. 60 % CH_4 und 40 % CO_2 zusammensetzt. Da der Großstadt- Klärschlamm nur geringe organische Anteile enthält, ist die erzeugte spezifische Gasmenge von 100 m^3/t deutlich kleiner, im Vergleich zu den in Tab. 5.1 aufgeführten organischen Basisstoffen.

Wenn man den Klärschlamm von ganz Budapest (250 t/Tag) aufarbeiten würde, dann entstünden etwa 25000 Nm^3 (Normkubikmeter) Biogas/Tag, mit einem Heizwert von 21,4 MJ/m^3 (s. Anlage 2). Daraus könnte 535 GJ/Tag thermische oder 160 GJ/Tag el. Energie produziert werden. Dies entspricht

$$\frac{160 \cdot 10^9 \cdot 30}{3{,}6 \cdot 10^6} = 1{,}33 \cdot 10^6 \text{ kW}_e\text{h/Monat} \qquad (1 \text{ kWh} = 3{,}6 \cdot 10^6 \text{ J}).$$

Diese Energiemenge könnte dann den el. Energieverbrauch von 6000 Haushalten (1 % der Gesamtzahl von Budapest) decken. In der Realität wird derzeit nur ein adäquater Teil des verfügbaren Klärschlamms energetisch genutzt.

5.1.2 Hausmülldeponie als Biogas- Dauerreaktor

Deponierter Hausmüll wird in einer Endphase durch anaerobe Gärung mit Hilfe von Mikroorganismen in Biogas umgewandelt. Der Hausmüll wird erst durch sog. Kompaktoren auf ein fünftel komprimiert und schichtweise abgelagert. In kurzer Zeit beginnt der Abbauprozess. In den einzelnen Müllschichten verbleibt genügend Luft — auch wenn diese nicht mehr mit der Atmosphäre im direkten Austausch steht — für den in dieser *ersten Phase* beginnenden aeroben Abbauprozess, wobei sich CO_2 und H_2O bilden. Wenn dadurch die eingeschlossene Luft aufgezehrt ist, beginnt eine mehrere Monate lang dauernde *zweite sog. sauere Gärungsphase* mit Wasserstoffbildung (H_2), wobei die Biomasse in Essigsäure, andere organische Säuren, Alkohole, CO_2 und H_2 zerfällt. Diese zweite Phase wandelt sich nach mehreren Monaten in die *dritte, jahrelang andauernde anaerobe Methangärungsphase* um, die über Jahre hinaus das typische Biogas liefert. Unter modernen Mülldeponien verlaufen Dränagerohre, die das Wasser abführen. Das kontinuierlich entstehende Biogas wird in einem Schacht (oder mehreren) aufgefangen und einem Gaskraftwerk zuführt. Auf Bauernhöfen könnten pflanzliche Reste ebenfalls Biogas produzieren, womit man z.B. ein Treibhaus beheizen kann.

5.1.3 Energetische Nutzung von Biogas

Die professionelle Biogasnutzung geschieht derzeit in Hightech-Gasmotoren (s. Kap. 7.3). Diese Kleinkraftwerke können sowohl mit Erdgas als auch mit Biogas betrieben werden. Einige Firmen bieten spezielle Biogasgasmotoren mit unterschiedlichen Leistungen an. Die Gasmotoren sind sog. KWK- (Kraft-Wärme-Kopplung, English HCP) Anlagen, die gleichzeitig Wärme und el. Energie produzieren und sind für die autonome Energieversorgung (elektrische Energie, Heizung, Warmwasserversorgung, Klimatisierung) von Appartementhäusern, Wohnsiedlungen, Bürogebäuden etc. geeignet. Solche Anlagen bieten z.B. sehr günstige Wärmebezugspreise, weil der parallel produzierte Strom zu einem gesetzlich festgesetzten Preis in das Stromversorgungsnetz eingespeist werden kann. Die Vergütung für die Netzeinspeisung deckt die Betriebskosten einschließlich der Kosten für die Wärmeerzeugung, die für die eigene Heizung genutzt werden kann. Das Biogas könnte aber auch in einigen Brennstoffzellensystemen (z.B. MCFC Systeme, s. Kap. 8.3) ohne Reinigung als Brennstoff benutzt werden.

5.2 Biokraftstoffe

Wir beschäftigen uns in diesem Kapitel mit ***Biokraftstoffen auf Bioalkoholbasis*** und mit ***Biodiesel.***

- Die ***Kraftstoffe auf Bioalkoholbasis*** sind in den letzten Jahren eine bunte **Familie** geworden.

- Die Richtlinien lassen es zu, dass Benzin mit ETBE (Ethyl-tertiär-Butylether[40]) zu mischen. Erlaubt sind Beimischungen von 4-6 vol%

40

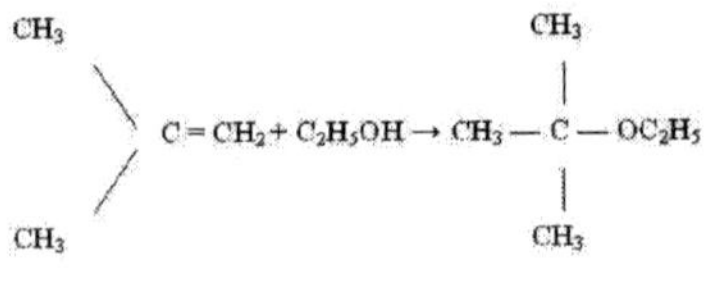

iC4 (Isobutan) ETBE

ETBE-Gehalt. Als erneuerbarer Anteil wird nur der Ethanolanteil (47 vol%) der ETBE anerkannt. Dieses Gemisch hat einen kleineren Heizwert als reines Benzin (s. Anlage 2) aber eine höhere Oktanzahl und ist für alle Ottomotoren geeignet.

• Nur für spezielle Fahrzeuge ist im Jahr 2005 ein Ethanol-Benzingemisch mit der Bezeichnung E85 zugelassen. E85 kennzeichnet den 85vol%-igen Ethanolanteil. Als Grundkomponentenbasis wird bei allen Gemischen Bioalkohol verwendet (s. Kap. 5.2.2).

• *Biodiesel* ist derzeit ein weit verbreiteter Kraftstoff, der in Europa aus Rapspflanzenöl (RME: Rapsölfettsäuremethylester), in Malaysia bzw. Indonesien aus Palmenöl (nach Estherysierung mit Methanol: Palmenölmethylester) hergestellt wird. Biodiesel ist nur für entsprechend taugliche Fahrzeuge mit biodieselresistenten Kunststoffen geeignet. Sein Heizwert liegt etwa 10 % unter dem Heizwert von Diesel. Derzeit erfüllt Biodiesel nicht oder nur knapp die Euro-4-Abgasgrenzwerte. Es gibt Probleme, weil der Einsatz von Biodiesel zu einer Erhöhung der Versäuerung der Böden und Gewässer führt; kritisch ist auch die NO_x-Emission, die höher liegt, als die von Diesel.

Die ***Herstellungskosten*** von Biokraftstoffen sind **doppelt so hoch** als die von Benzin und Diesel. *Die Ursache hierfür sind u.a. die hohen* Kosten für den Anbau (Saatgut, Düngemittel, Biozide, Kraftstoff) die bei Erdöl entfallen. Die chemische Aufarbeitung sowie der hohe Methanolbedarf bei Biodiesel als auch die erforderlichen äquivalente Mengen von Fettsäuren zur Estherisierung (s. Kap. 5.1.2) erhöhen ebenfalls die Kosten. Bei Bioalkohol ist der Aufschluss von Cellulose bzw. Stärke zur Glukose und deren Gärung zu Et-OH kostenintensiv und teurer als die Ölraffinierung. Nur die Transportkosten sind geringer.

Warum werden dann die Biokraftstoffe forciert und mit finanziellen, gesetzgeberischen Mittel sowie Steuerbegünstigungen preferiert?

Die wirkliche Ursache liegt in der Agrarüberproduktion der Industrieländer. Statt zur Herstellung von Nahrungsmitteln und Tierfutter muss man deshalb die Agrarflächen irgendwie anders nutzen. Prägnant sieht man dieses Phänomen in den neuen EU-Ländern. Nach ihrem Beitritt mussten sie wegen den vorgeschriebenen Agrarproduktionsquoten etwa 30% ihrer Agrarkulturflächen auf Waldgebiete und Energiepflanzen umstellen. Eine andere Variante wäre, Agrarprodukte für die Biokraftstoffproduktion zu verwenden.

5.2.1 Biodiesel

In der EU kommt ernsthaft nur der RME: Rapsölfettsäueremethylester

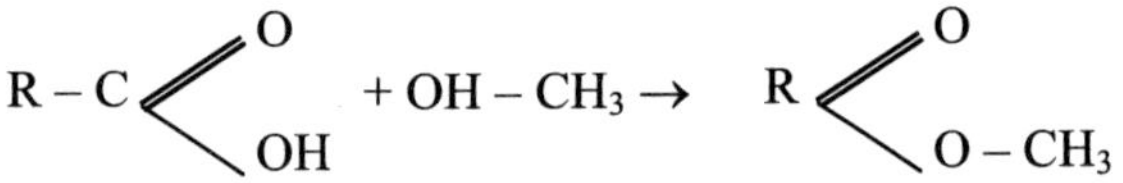

in Frage. Von einem Hektar (ha) Acker beträgt die Ernte an Ölkernprodukten etwa 3 t. Die Aufarbeitung geht nach folgendem Prozessdiagramm:

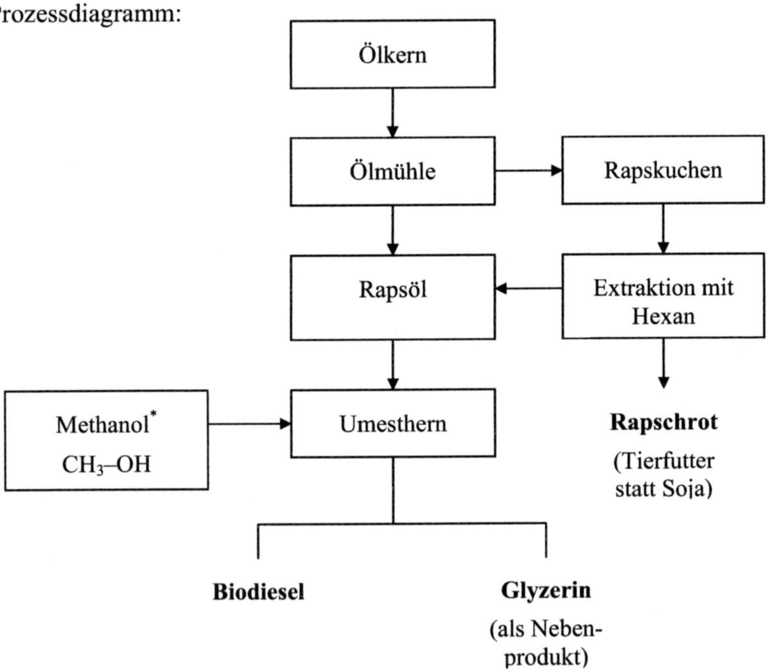

*Die hinzugegebene Methanolmenge enthält NaOH, *die* die freie Fettsäuere kompensiert.

Daten: Von 250 kg Rapsölkernen kann 100 kg Rapsöl hergestellt werden. 100 kg Rapsöl zuzüglich 11 kg Methanol gibt 100 kg Biodiesel plus 11 kg Glyzerin. Von 1 ha Anbaufläche kann man mit 3 t Ölkerne ernten.

Von 1 ha Agrarland kann man etwa 1200 kg Biodiesel gewinnen. In 2001 hat man in Deutschland etwa 500000 t Biodiesel verkauft. Das entspricht etwa 420000 ha angebauter Ackerfläche. Im Jahr 2000 wurde in Deutschland etwa 29 Mt Diesel verkauft. Das Agrargebiet in ganz Deutschland hat eine Fläche von ca. $12 \cdot 10^6$ ha. Dieses würde unter Berücksichtigung der oben aufgeführten Daten gerade ausreichen, um die Hälfte des deutschen Dieselbedarfs zu erzeugen.

5.2.2 Bioalkohol (100 %-iges Ethanol, Et-OH, CH_3–CH_2–OH)

Die Endstufe der Bioalkoholproduktion ist die Gärung (Fermentierung) einer wässerigen Zuckerlösung. Dabei wird mit Hefe und Enzymen (z.B. Glukoamylase) der Zuckergehalt in Alkohol umgewandelt. *Von 2 kg Zucker (C6 Glukose) erhält man 1 kg Ethanol.* Für Treibstoff- bzw. Zusatzstoffe muss der Alkohol vollkommen wasserfrei sein („hundertprozentiger Alkohol"). Dazu wird die wässerige Alkohollösung bis zu 95 % Alkoholgehalt destilliert — ein übliches Verfahren in der Alkoholindustrie. Um die letzten 5 % Wassergehalt vom Alkohol zu trennen, benötigt man preisintensive spezielle hoch entwickelte Technologien z.B. Membranfilter oder Cyklohexanverfahren.

5.2.2.1. Zuckerlösungen aus Pflanzen mit Zucker- bzw. Stärkegehalt

Zur Extraktion einer reinen Zucklösung aus Pflanzen (Zuckerrübe, Zuckerrohr) werden diese mit heißem Wasser behandelt; diesem Prozess folgt eine Reinigungstechnologie.

Bei stärkehaltigen Pflanzen muss der Stärkegehalt durch säurehaltiges heißes Wasser verzuckert werden. Man kann dann mit einer 95-100 %-iger Umwandlung in Stärke- Trockenmasse (TM) rechnen.

Die zuckerhaltigen Pflanzen beinhalten Glukose, Fruktose, Sacharose und Stärke. Die chemische Struktur dieser Verbindungen zeigt die Abb. 5.1 a,b,c,d.

Abb. 5.1

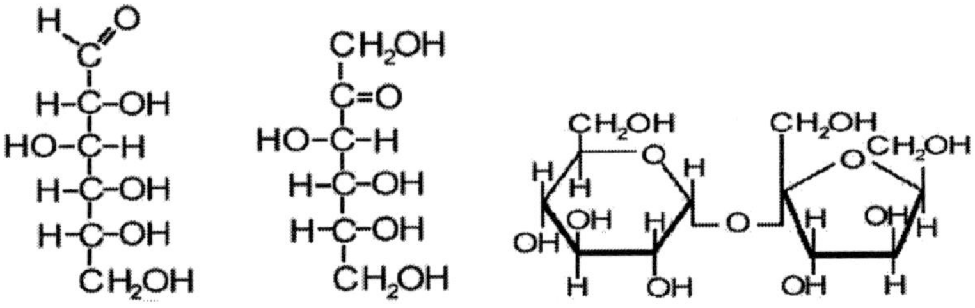

a) b) c)

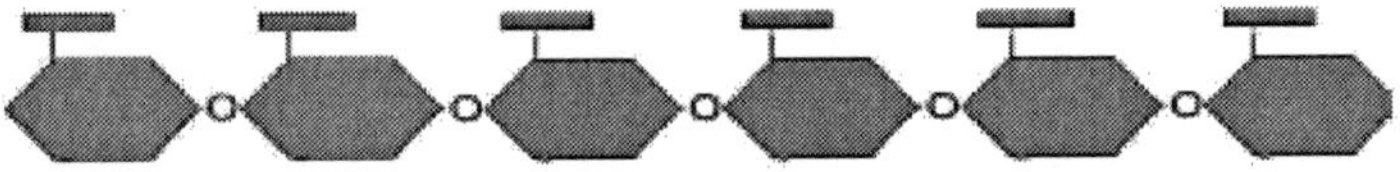

d)

Die chemische Struktur von a) Glukose; b) Fruktose; c) Sacharose (Glukose + Fruktose); d) Stärke

Die Zuckerrübe und das Zuckerrohr besitzen einen auf das Erntegewicht bezogenen Glukosegehalt (6C Glukose) von 17 w% bzw. 20 w%.[41] Der auf das Erntegewicht bezogene Stärkeanteil wird für die wichtigen stärkehaltigen Pflanzen in der Agrarwirtschaft wie folgt angegeben: Weizen (60-70 %), Mais 67 %, Kartoffel (16 %).

Die erreichbaren Alkoholausbeuten dieser pflanzlichen Kulturen sind in Tabelle 5.2 zusammengestellt.

[41] Bezogen auf das Erntegewicht (EG), davon sind 80 w% Trockenmasse (TM).

Tabelle 5.2

Pflanzenart	**Durchschnittliche Ernte [t/ha]**	**Alkoholausbeute [kg/t]**	**[kg/ha]**
Zuckerhaltige Pfl.			
Zuckerrübe	38	89	3380
Zuckerrohr	57	73	4160
Stärkehaltige Pfl.			
Weizen	3,5	270	945
Mais	4,5	368	1656
Kartoffel	10,3	234	2410

Im Allgemeinen sind die Kosten für die Herstellung von Alkohol aus Weizen bzw. Mais am günstigsten. In Brasilien wird Zuckerrohr als Rohstoff verwendet.

5.2.2.2 Gewinnung von Zuckerlösung aus cellulosehaltigen Pflanzen

Die Cellulose ist ein Polysacharid, das aus Glukoseanteilen (6C Monosacharid) aufgebaut wird (s. Abb. 5.2/b). Die Hemicellulose (s. Abb. 5.2/c) — auch ein Polysacharid — besteht aus 60 w% Glukose und 40 % Pentose (ein 5C Monosacharid, s. Abb. 5.2/a). Die cellulosehaltigen Pflanzen beinhalten auch immer Lignin, ein aromatisches Polymer mit einem Molgewicht M von 500-1000. Die chemische Struktur dieser Verbindungen ist in Abb. 5.2 dargestellt.

Abb. 5.2

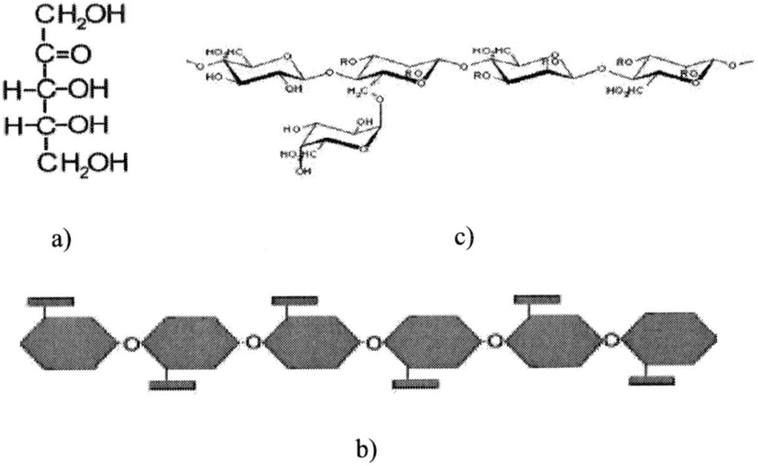

a) Pentose (d-ribulose); b) Cellulose; c) Hemicellulose

Aus dem Glukoseanteil und mit Hilfe von modernen technologischen Methoden kann man aus dem Pentoseanteil durch eine Hydrolyse mit Säuren Zucker erhalten.

Die Zusammensetzung der wichtigsten cellulosehaltigen Pflanzen ist in Tabelle 5.3 zusammengestellt.

Tabelle 5.3

Pflanzenart	**Zusammensetzung auf Trockenmasse gerechnet [%]**		
	Cellulose C6	**Hemicellulose 60 % C6 + 40 % C5**	**Lignin**
Weichholz	43	28	29
Hartholz	48	28	24
Stroh, Gras	50	29	21
Schilf	46	31	23
Silo-Mais	48	30	22

Das größte *Potential* für Bioalkohol liegt im Holz, ein Gemisch aus Cellulose, Hemicellulose und Lignin (s. Tabelle 5.3). Ein solches Material nennt man Lignocellulose.

Diese Lignocellulose (Holz) muss erst zerkleinert (gemahlen) werden. Holz beinhaltet typischerweise 45 % Cellulose (Polysacharid, aus C6 Glykose aufgebaut), 28 % Hemicellulose (40 % C5 Pentose, 60 % C6 Hexose/Glycose) und 27 % Lignin (eine aromatische Verbindung).

Die Wissenschaft hat viele Methoden erarbeitet, aus Holz Bioalkohol zu gewinnen [H. Menrad, A. König: Alkholkraftstoffe. Springer Verlag, 1982]. Eine Möglichkeit besteht darin, das zermahlte Holz mit Dampf und starken Säuren (H_2SO_4, HCl) aufzuschließen, also die Lignocellulose in Hexosen (C6), Pentosen (C5) und Lignin zu zerlegen (hydrolisieren). Nach chemischer Neutralisation durch $Ca(OH)_2$ wird die Hexose (Glykose) durch Fermentation zu Ethanol gegärt. Allerdings geht dabei die C5-(Pentose-) Fraktion für die Alkoholgewinnung verloren. Hieraus kann man Furfurol gewinnen. Solche Technologien sind zu teuer und die Alkoholausbeute zu gering. Man arbeitet heute mit moderneren Methoden. Es scheint möglich, auch aus der Pentosefraktion Alkohol zu gewinnen, eine Methode, bei der die Hydrolyse und die Fermentation parallel verlaufen. Sie ist jedoch noch in der Erprobung.[42]

In der Praxis erhält man von 1 t Holz 150-300 kg Ethanol. Danach liefert 1 Hektar Energiewald mit 6t Holz/ha in einem Jahr durchschnittlich den Grundstoff für 1350 t Ethanol. Theoretisch beinhaltet 1 t Holz 0,62 t C6 Glukose (siehe Tab. 5.3). Aus 2 kg Glukose kann man 1 kg Ethanol gewinnen, folglich erhält man 0,31 t EtOH / t Holz.

5.2.3 Zukunft der Biotreibstoffe (bzw. Zusatzstoffe)

Aus den zuvor genannten Fakten folgt, dass zur Erzeugung von 1 Mt Biotreibstoff etwa 1 Mha Agrar- bzw. Waldfläche benötigt wird und dass

[42] Uns ist allerdings nur eine Firma (Iogen, Kanada) bekannt, die EtOH wirtschaftlich aus Holz erzeugt.

die Herstellungskosten hierbei derzeit um das zweifache des traditionellen Treibstoffgrundpreises (ohne Steuer etc.) ausmachen.

Einem Trend folgend, ist zu erwarten, dass das Preisniveau der auf Erdölbasis gewonnenen Treibstoffe in Zukunft wahrscheinlich drastisch steigen wird. Dieser Trend macht die Biotreibstoffe wettbewerbsfähiger. Die Ackerbodenfläche der Welt beträgt derzeit 1400 Mha. Nehmen wir an, dass 20 % (also 280 Mha) von dieser Fläche für Biotreibstoffproduktion in Anspruch genommen werden, dann kann **aus den Agrarprodukten etwa 280 Mt Biotreibstoff** produziert werden. Wenn man aus dem weltweit vorhandenem Holzgut ($2{,}7 \cdot 10^{11}$ t), wovon 40 % energetisch nutzbar sind, nur den Jahreszuwachs von 4 % — anteilsgleich 20 % der Produktion von Bioalkohol — nutzen würde, könnte man auf diese Weise pro Jahr

$$2{,}7 \cdot 10^{11} \cdot 0{,}04 \cdot 0{,}4 \cdot 0{,}2 \cdot 0{,}31 = \mathbf{268\ Mt}$$

Biokraftstoff aus Holz gewinnen. (Aus 1 t Holz könnte man etwa 0,31 t Bioalkohol gewinnen, s. oben.)

Bei einer Umrechnung in Heizwerte (s. Anlage 2), ergibt dies insgesamt (280 Mt + 268 Mt) einen Energieanteil von:

$$548 \cdot 106\ [\mathrm{t}] \cdot 32{,}5 \cdot 10^3\ [\mathrm{MJ/t}] \approx 1{,}78 \cdot 10^{19}\ \mathrm{J} \approx 18\ \mathrm{EJ}$$

Die Shell-Prognose (s. Kapitel 1.) rechnet bis 2050 mit einem Bioanteil von 50-100 EJ/Jahr. Man erkennt aus unseren Berechnungen, dass die Shell-Prognose das Biokraftstoffpotential stark überschätzt.

- Welche Bedeutung spielen in den nächsten 25 Jahren die Biokraftstoffe?

Mit großer Sicherheit stehen wir bei der Kraftstofferzeugung und –versorgung vor einer weit reichenden Umstrukturierung. Diese tangiert in den Industrieländern bzw. in den fortschrittlicheren Entwicklungsländern (Brasilien, China, Indonesien, Indien) neben dem Ölimport auch die Autotechnik, wie auch die Agrarproduktionsstruktur und die Steuerpolitik.

In der ersten Etappe geht es weltweit um etwa 2110 Mt Treibstoff/a, (s. Anlage 16) der um die 6 % mit Biokraftstoff gemischt wird, also etwa 126 Mt Biokraftstoff (teilweise Bioalkohol bzw. Biodiesel / siehe oben). In erster Nährung erfordert das eine Produktion (1 Mt auf 1 Mha) von 126 Mha Energiepflanzen, also etwa 9 % des gesamten Agrargebiets der Erde (1400 Mha). Diese Etappe erfordert nur marginale Änderungen von der Autoindustrie. Dagegen aber sind in einigen Ländern, wie z.B. in den neuen EU-Ländern, revolutionäre Änderungen in der Agrarstruktur erforderlich. Allerdings können kleine Modifikationen in der Steuerpolitik helfen, diese Umstrukturierung voranzutreiben, um die immer größer werdenden Probleme der Überproduktion in vielen Ländern zu bewältigen.

In der zweiten Etappe verbreitet sich die II. Generation der Biokraftstoffe, typischerweise mit hohem Bioalkoholanteil. Diese Verbreitung wird aber von Seiten der Automobilindustrie gebremst, da diese Treibstoffe spezielle Motoren verlangen. Typisch für diese Treibstoffgeneration ist die in 2006 standardisierter E85-Verordnung (CWA15293:2005) mit 85 vol% Bioalkohol. Ähnliche Treibstoffe, die sogar einen Bioalkoholanteil von 95 % haben, sind schon im Versuchsstadium.

Pioniere dieser Biokraftstoffe der II. Generation sind Brasilien mit 8,7 Mt Alkohol/a, die USA mit 4,7 Mt/a aber auch Indien, Schweden und Australien. In 2004 umfasste der weltweite Alkoholtreibstoffkonsum etwa 18 Mt.

Diese II. Generation benötigt ein komplexes Management, das Treibstoff, Tankstellen (Infrastruktur) und optimale Autotypen mit einbezieht. Ein schon realisiertes Projekt dazu wird von der General Motors Tochter Saab bzw. Scania gemeinsam mit dem Bioalkoholhersteller BKZ in Schweden durchgeführt.

Das Konsortium baut neue, mit E85 getriebene Saab 9–5 BioPower Pkw-Typen mit 2 l Turbomotoren (180 PS), die Endgeschwindigkeiten von 225 Km/h erreichen können.

Es sind Busse von Scania in Betrieb, die auch E85 als Treibstoff benutzen. Weitere Autos, die mit 95 % reinem Alkohol fahren können, befinden sich z. Zt. in der Entwicklung. Selbstverständlich resultieren aus einer überhitzten Alkoholtreibstoffkultur als Konsequenzen eine Erhöhung der Korn- bzw. Zuckerpreise. Eine entsprechende Steuerpolitik kann als Regulativ entgegenwirken.

In Deutschland erwartet man vorerst keinen großen Erfolg für E85. Die schlechten Erfahrungen (mit 75/25, 90/10 Monopolin) zwischen 1926-30 haben ihre Spuren bis heute hinterlassen. Man hat damals den Alkoholtreibstoff in normale Ottomotoren gefüllt und die auftretenden Korrosionen haben große Schäden verursacht. Deutschland wird also zunächst die Möglichkeiten des Biodiesel (RME) nutzen.

6. GEOTHERMISCHE ENERGIE

6.1 Aufbau des Erdinneren, Quelle und Menge der geothermischen Energie

• Aus den seismologischen Studien über die Entstehung, Ausbreitung und Auswirkung der Erdbebenwellen folgt, dass die Erde mit einem mittleren Radius von 6371 km zum Erdzentrum aus mehreren konzentrischen Schalen oder Zonen besteht, deren Dichte nach außen hin abnimmt. Diese können wir in erster Nährung als inneren Kern, unteren Mantel, Übergangszone, äußeren Mantel und Erdkruste bezeichnen. Ein vereinfachtes Schema zeigt Abb. 6.1; die physikalischen Parameter sind in Tabelle 6.1 zusammengefasst.

Abb. 6.1

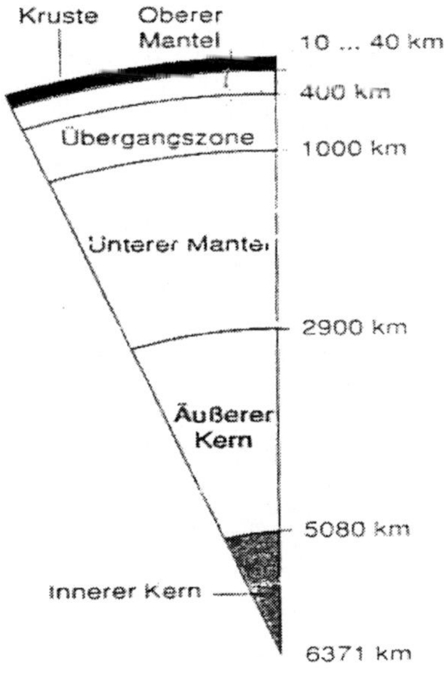

Tabelle 6.1

Die Zonen des Erdinneren, Parameter

Zone	Tiefe [km]	Bennennung	P-Welle Phasengeschwindigkeit [km/s] (longitudinale)	S-Welle Phasengeschwindigkeit [km/s] (transversale)	ρ [g/cm³]	P [10^6 kp/cm²]	g [ms^{-2}]	ϑ [°C]
A		Kruste	2,0 … 4,7 ≈ 6,0	1,2 … 2,5 ≈ 3,2	2,67	-	9,81	-
			Conrad-Grenzfläche					
		Gabbroschicht	6,5 … 7,5	3,5 … 4,0	3,0	0,007	9,82	1000
	32		Mohorovičić-Grenzfläche					
B		Oberer Mantel	8,2 … 9,0	4,2 … 5,0	3,4	0,015	9,85	1500
	410							
C		Übergangszone	9,0 … 11,5	5,0 … 6,5	4,0	0,3	9,90	2500
	1000							
D'		Unterer Mantel	11,5 … 13,7	6,5 … 7,2	5,0	0,7	9,95	3000
	2700							
D''			≈ 13,7	≈ 7,2	5,7	1,5	10,3	4000
	2900							
E		Äußerer Kern	8,1 … 10,5	0	11,0	2,3	7,5	4000
	4980							
F		Übergangszone	9,5 … 10,5	0	12,5	3,3	5,0	3500
	5120							
G		Innerer Kern	11,0 … 11,5	0	13,0	3,8	0	4500
	6370							

Bemerkung: 1 at = 1 kp/cm² = 10^4 kp/m² ≈ $9{,}81 \cdot 10^4$ Pa

Aus Tabelle 6.1 ist zu entnehmen, dass die transversalen Wellen sich nur in dem Mantel, also nur bis in die äußerste Grenzfläche des Kernes ausbreiten. Hier stoßen sie auf eine quasi flüssige Zone, auf den äußeren Kern. Die neuesten Forschungsergebnisse deuten auf ein quasi festes (quasisolides) *Kern*inneres hin, das weniger als 5100 km vom Zentrum entfernt liegt. Die Kernschalen bestehen aus einer Schmelze von Metallen der Eisengruppe (Fe, Cr, Ni, Co, Mn) mit einer Temperatur von 4000-4500 °C. Der hier herrschende Druck ist $2{,}3\text{-}3{,}8 \cdot 10^4$-mal größer als an der Erdoberfläche. Diese extremen Bedingungen bestimmen den quasisoliden Zustand.

Der *untere Mantel* hat eine Zusammensetzung aus Mg-, Fe-, Cr-, Ca-, Na- und Ni-Oxiden sowie Silicaten. Der *äußere Mantel* besteht aus Mg-reichen Silicaten.

Die feste *Erdkruste* ist 15-40 km dick; und die untere Grenzfläche dieser Schale folgt ungefähr der Morphologie der Erdoberfläche. Man unterscheidet zwischen kontinentaler bzw. ozeanbedeckter Erdkruste.

Die oberste Schicht der *kontinentalen Kruste* besteht aus Sedimentgestein, worunter sich Granit, Sial (Si-Al) und noch weiter Si/Mg-, Basalt-Gesteinsschichten befinden.

Die Kruste am Meeresboden hat eine homogene Dicke von 10-15 km. Im Vergleich zu den oben genannten Gesteinschichten fehlt die Granitschicht.

• *In der Erdkruste bzw. im oberen Mantel befinden sich* **Elemente mit radioaktiven Isotopen**. Zu diesen Elementen zählen z.B. U (in der Erdkruste $3 \cdot 10^{-4}$ w%) Ra, Th und K (in der Erdkruste 2,6 w% K, davon 0,012 w% des radioaktiven ^{40}K-Isotops). 60 % der Erdwärme resultiert aus dem Zerfall dieser radiaktiven Isotope. Die weiteren 40 % stammen aus Kristallisations- bzw. chemischer Reaktionswärme der chemischen Verbindungen des Erdmantels.

Die durch den ständigen Zerfall radioaktiver Elemente bzw. durch andere exotherme Prozesse in der Erdkruste bzw. im Erdmantel **entstehende Energie** (***geothermische Energie, Erdwärme***) erwärmt das Gestein, die Poren und das unterirdische Wasser- (Dampf-) Reservoir und ***strömt***

konduktiv durch Wärmeleitfähigkeit bzw. ***konvektiv*** durch Wärmeträger, wie z.B. Wasser, Dampf, etc. in Richtung Erdoberfläche.

● Der ***konduktiv geleitete Wärmefluss/Einheitsfläche*** wird durch die Fourier-Gleichung

$$\phi = -\lambda \text{ grad } T_g \left[\frac{W}{m \cdot °C} \cdot \frac{°C}{m} = \frac{W}{m^2}\right]$$

bestimmt, wo λ den lokalen Wärmeleitfähigkeitskoeffizient und grad T_g den lokalen geothermischen Temperaturgradienten bezeichnet. Die Temperatur steigt in Richtung Erdinneres.

Die durch diesen konduktiven Wärmetransport an die kontinentale Erdoberfläche strömende Wärmeenergie beträgt jährlich etwa

78840 TWh ([43])

die größtenteils ungenutzt in den Weltraum entweicht.

Die **lokale Verteilung** der λ- bzw. grad T_g-Werte **ist inhomogen**; deswegen ist *die reale mögliche Nutzung der Erdwärme auf typische Gebiete mit geothermischen Anomalien begrenzt.* Tabelle 6.2 zeigt die grad T_g- bzw. ϕ-Werte für verschiedene Gebiete der Erde.

---

[43] Dies entschpricht 9 TW Leistung (9 TW · 8760 ha^{-1} = 78840 $TWha^{-1}$). Zum Vergleich: Der gesamte primäre Weltenergieverbrauch beträgt 117000 $TWha^{-1}$.

Tabelle 6.2

	grad T_g [°C/m]	**$\frac{1}{\text{grad } T_g}$ [m/°C)]**	**ϕ [mW/m²]**
Weltdurchschnitt	-	-	66,0[44]
Kontinentaler Durchschnitt	0,03	33	66,8
Durchschnitt in W-Europa	-	-	62,0
Durchschnitt der Ozeankruste	-	-	66,4
Alte Faltengebirge	0,025-0,014	40-70	54,3-71
Junge Faltengebirge	0,05-0,025	20-40	71-83,6
Vulkanische Gebiete	0,2-0,05	5-20	83,6-167,2
Gebiete mit starken geotermischen Anomalien	0,2-0,1	5-10	≤ 830

Diese Anomalien liegen typisch in vulkanischen Gebieten (Tabelle 6.3) oder am Rande der sog. tektonischen Platten (Abb. 6.2). [s. Abb. 6.3]

[44] Kontrolle: Festlandoberfläche $149 \cdot 10^{12}\,m^2$

$66 \cdot \left[\frac{mW}{m^2}\right] \cdot 149 \cdot 10^{12}\,[m^2] = 9{,}8 \cdot 10^{12}$ W, also gut übereinstimmend mit den oben erwähnten 9TW

also gut übereinstimmend mit den oben erwänten 9 TW.

Tabelle 6.3

Die wichtigsten vulkanischen Gebiete der Erde sind:

Mittelmeer
Vesuv (Neapel)
Stromboli (Lipari – Volcano Insel)
Etna (Sizilien)
Santorin (Kikaden Inseln)

Atlantischer Ozean
Hekla (Island)
Pico de Teyde (Tenerife)
Mont Pelée (Martinique)

Afrikanisches Festland
Kamerun-Vulkan
Nymulagira (teilweise im Kiru-See)

Indischer Ozean
Piton de la Fournaise (Reunion Inseln)

Stiller Ozean
Manna Loa (Hawaii)
Kilanea (Hawaii)

Klucsevskaja Sopka (Kamtschatka)
Asama, Fuji (Hondo, Japan)
Krakatan (zw. Sumatra und Java)
Semern (Java)

Tofua (Tonga Inseln)
Erebus (Antarktis)

Katmaj (Alaska)

Popocatepetl (Mexico)
Paricutin (Mexico)
Cotopaxi (Ecuador)

Abb. 6.2

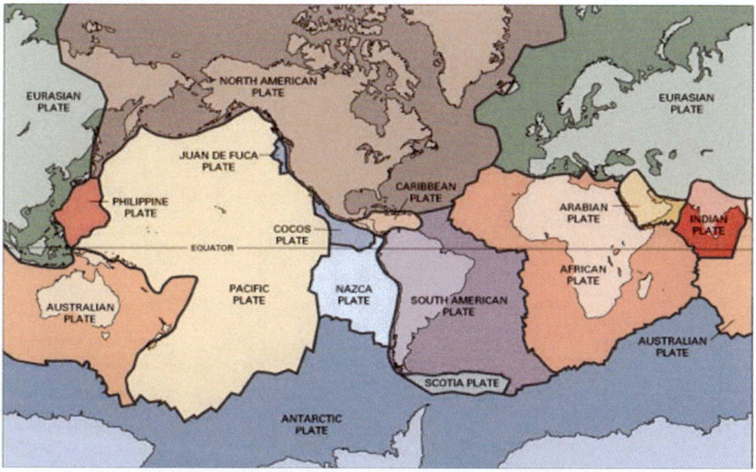

Tektonische Platten der Erde (jeweils unterschiedlich eingefärbt)

Abb. 6.3

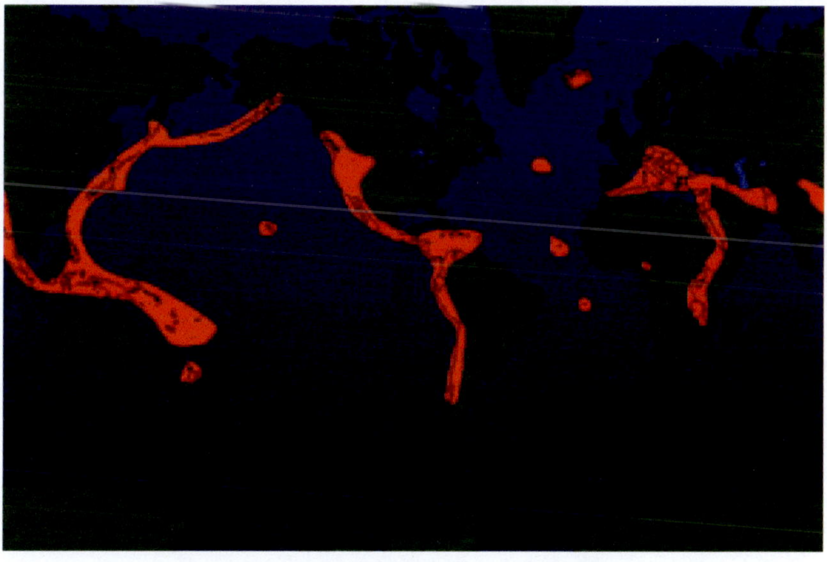

Geothermische Anomalien der Erde (rot gefärbte Gebiete)

Die geothermischen Anomalien von Europa zeigt Abb. 6.4.

Abb. 6.4

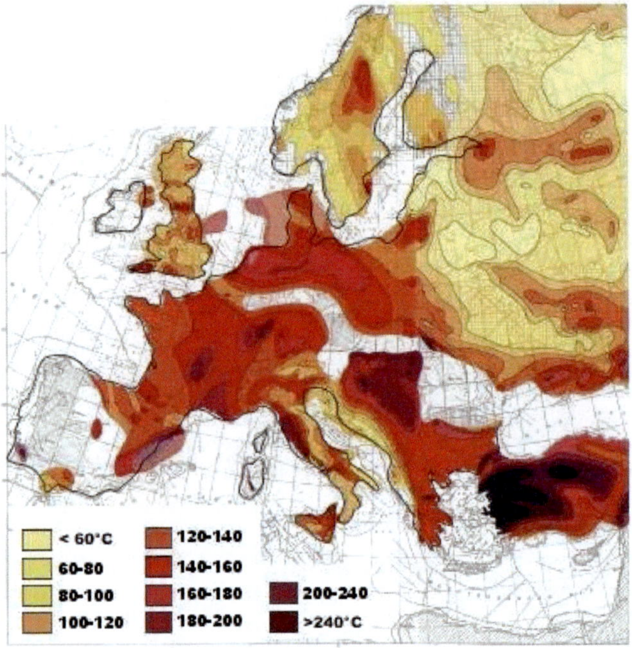

Temperaturen in 5000 m Tiefe in Europa
Die dunkelsten Farben (s. Legende) bezeichnen die geothermische Anomalien
[EUROPEAN GEOTHERMAL RESOURCES. Working dokument based on integrated data 01/09/2000]

● An dem riesigen konduktiven Erdwärmepotential (9 TW, 78840 $TWha^{-1}$ bezogen auf die Festlandoberfläche) gemessen, ist die derzeit praktisch genutzte Erdwärme vernachlässigbar. D*ie Nutzung beschränkt sich fast ausschließlich auf* ***konvektive, hydrothermale Verfahren — also auf Thermalwasser- bzw. Dampfquellen.***

Die installierte hydrothermale Erdwärmeleistung beträgt (s. Tabelle 6.4) derzeit weltweit etwa 23 GW (200 $TWha^{-1}$), und der Verbrauch liegt noch niedriger (etwa 65 $TWha^{-1}$).

Tabelle 6.4

Die im Jahre 2005 installierten geothermalen (konvektiven) Kapazitäten [MW_{th}] und der tatsächliche Verbrauch [TJ/Jahr]

Land	**(MW_{th})**	**(TJ/Jahr)**
Algerien	152,3	2417
Argentinien	149,9	609,1
Armenien	1	15
Australien	109,5	2968
Österreich	352	352
Belgien	63,9	431,2
Bulgarien	109,6	1671,5
Kanada	461	2546
Karibische Insel	0,1	1
Chile	8,7	131,1
China	3687	45373
Kolumbien	14,4	287
Kroatien	114	681
Tschechische Republik	204,5	1220
Dänemark	821,2	4360
Ägypten	1	15
Finnland	260	1950
Frankreich	308	5195
Georgien	250	6307
Deutschland	***504.6***	***2909,8***
Griechenland	74,8	567,2
Guatemala	2,1	52,2
Honduras	0,7	17
Ungarn	694,2	7939,8
Island	1791	23813
Indien	203	1606,3
Indonesien	2,3	42,6
Israel	82,4	2193
Italien	606,6	7554
Japan	413,4	5161,1
Jordanien	153,3	1540
Kenia	10	70,1
Südkorea	16,9	175,2
Litauen	21,3	458
Makedonien	62,3	598,6
Mexiko	164,7	1931,8
Nepal	2,1	51,4
Holland	254,5	685
Neuseeland	308,1	7086
Norwegen	450	2314
Peru	2,4	49
Philippinen	3,3	39,5
Polen	170,9	838,3
Portugal	30,6	385,3
Rumänien	145,1	2841
Russland	308,2	613,5
Serbien	88,8	2375
Slowakei	187,7	3034
Slowenien	48,6	712,5
Schweden	3840	36000
Schweiz	581,6	4229,3
Thailand	1,7	28,7
Tunesien	25,4	219,1
Türkei	1177	19623,1
England	10,2	45,6
USA	3766	20302
Venezuela	0,7	14
Yemen	1	15
Insgesamt:	**22771**	**234660,9**

Quelle: International Geothermal Association (http://iga.igg.cnr.it/geoworld/geoworld.php?sub=duses)

6.2 Grundsätzliche Verfahren zur Erdwärmegewinnung

Um die Wärme aus dem Untergrund gewinnen zu können, braucht man gewöhnlich ein „Transportmittel". Das grundlegende Prinzip ist einfach:

— Entweder ist dieses Transportmittel in Form von Dampf oder heißem Wasser bereits im Untergrund vorhanden. Dann wird es an die Oberfläche befördert, ausgekühlt und normalerweise wieder in den Untergrund zurückgeschickt. (Hydrothermale / Konvektive Systeme, s. Kap. 6.2.1).

— Oder es muss erst Wasser in die Tiefe gepumpt, dort erhitzt und wieder nach oben gebracht werden. (HDR, Wärmepumpe mit tiefen Erdwärmesonden (s. Kap. 6.2.2 und 6.2.3)).

Die gewonnene Wärme lässt sich unmittelbar zur Beheizung von Gebäuden, für industrielle oder landwirtschaftliche Zwecke oder für andere Wärmeverbraucher einsetzen.

— Besonders attraktiv ist aber die Verwendung der Erdwärme zur Stromerzeugung: Erdwärme ist rund um die Uhr verfügbar; Erdwärmekraftwerke könnten also einen wichtigen Beitrag zu einer Grundversorgung (elektrische Grundlast) mit erneuerbarer Energie gewährleisten (s. Kap 6.3). Hierbei unterscheiden wir grundsätzlich vier Arten der Erdwärmenutzung (6.2.1-6.2.3, 6.3).

6.2.1 Hydrothermale (konvektive) Quellen

Unter gewissen geologischen Bedingungen bildet sich in der Tiefe ein Thermal- bzw. Heißwasserreservoir:

• mit hohen Temperaturen (> 180 °C) und unter hohem eigenem Druck (geopressured reservoir)

• mit hohen Temperaturen unter hohem Gas- (z.B. CH_4) / Dampfdruckgemisch

• mit kleinen Temperaturen (Erschließung durch Pump- bzw. Kompressorensysteme. Hierzu gehören die alten, berühmten Thermalquellen, von denen einige in Tabelle 6.5 zusammengefasst sind.

Tabelle 6.5

Berühmte Thermalwasser-Quellen in Europa

Ort	**Wassertemperatur [°C]**
Ems	47,5
Gastein	49
Teplice (Tschechien)	49
Lankerbad (Schweiz)	51
Aachen	55
Baile Herculane (Haeraklés) Rumänien	55
Baden-Baden	67
Wiesbaden	69
Burtscheid (n. Aachen)	78
Pisciarelli (n. Neapel)	84
Nero's Bad (n. Neapel)	
Soffioni (Toscana)	100 ! (Dampfquellen)
Lardello (Italien)	100 ! (Dampfquellen)
Budapest	
120 Bäder	46-76
(z.B. Bad Gellért	46
Bad Lukács	58
Bad Széchenyi	76
Bükk (Ungarn)	58
Hévíz (Ungarn)	38
Harkány (Ungarn)	64
Bükkszék (Ungarn)	40
Hajdúszoboszló (Ungarn)	76

Bei hydrothermalen Quellen wird über Bohrungen heißes Wasser an die Oberfläche gefördert. Die meisten haben eine Wassertemperatur zwischen 40-80 °C. Die Bohrtiefen für diese Niedrigtemperatur-Quellen liegen in einigen Ländern wie Italien, Ungarn (allgemein im Tiefland der Karpaten), Türkei, Süd-Frankreich und Island um die 1000-3000 m.

Für Hochtemperatur-Wasservorkommen (> 180 °C) muss man allgemein tiefer, das heißt 4000-5000 m tief bohren. In Deutschland (s. Abb. 6.4) hat man z.B. in Offenburg (Rheinland-Pfalz / Muschelkalkgestein) und in Unterhaching (im bayrischen Malmkarst) solche Temperaturen in einer Tiefe von ca. 4000 m vorgefunden. In Ungarn gibt es drei Bohrungen mit Hochtemperatur-Wasservorkommen: Álmosd: 2500 m, 143 °C; Fábiánsebestyén: 3750-4034 m, 200-210 °C; Nagyszénás: 2922-3500 m, 171 °C.

Die hydrothermalen Systeme werden derzeit größtenteils für geothermische Heizzentralen genutzt. Wie in Kap. 6.3 (Tabelle 6.6) beschrieben, erfolgt die geothermische Elektrizitätserzeugung auf der Basis von Hydrothermalquellen. Allerdings wird derzeit in Europa nur in Italien auf solche Weise Elektrizität produziert. Die Umweltvorschriften verlangen, dass das an die Oberfläche geförderte Hydrothermalwasser nach der Nutzung durch eine zweite Bohrung wieder in die Tiefe verbracht wird (s. Abb. 6.5). Gründe hierfür liegen darin: **a)** Allgemein sind die hoch mineralisierten Thermalwässer oberirdisch nicht zu entsorgen. Ausnahmsweise kann in einigen Gegenden so z.B. in Deutschland in der Region zwischen Donau und Alpen, das abgekühlte Thermalwasser als Trinkwasser genutzt werden. In Ungarn sind etwa 20 % der Gesamtmenge des Thermalwassers zum Trinken bzw. Bewässern geeignet. **b)** Nur auf diese Weise kann man die Mengenbilanz im Untergrund langfristig erhalten und sichern. Wenn man durch Ausschöpfung ein unterirdisches Heißwasserreservoir überfordert, wie z.B. in einem extremen Fall, wo das Heißwasser über Jahre durch kühles Wasser ausgetauscht wird, braucht es ca. 20000 Jahre, bis die Erdwärme sich regeneriert und neu aufheizt. Das liegt an den geringen λ-Werten der Erdkruste (s. Tabelle 6.2).

Also: **Die hydrothermale und allgemein die geothermische Energie ist — im originären Sinne — nicht „erneuerbar".**

Abb. 6.5

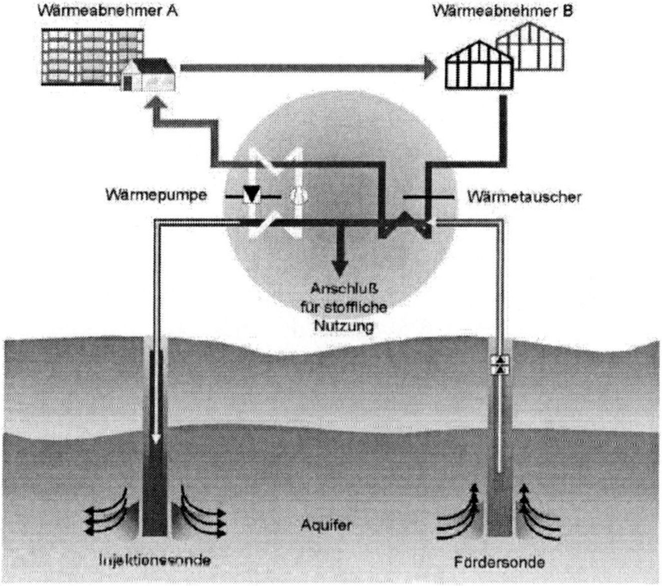

Schema eines hydrothermalen Systems (Mit Erlaubnis von Geox GmbH, Dr. H. Menzel)

Unter dem Aspekt der **Wirtschaftlichkeit** sind die hydrothermalen Heizwerke positiv zu bewerten. Die Preise für das hieraus geförderte Warmwasser liegen weit unter *denen* der Erdgasheizung, allerdings nur dann, wenn das Verteilungsnetz bereits ausgebaut ist.

6.2.2 Hot-dry-rock- (HDR) Verfahren

Der Temperaturgradient (grad T_g) der Erdkruste bzw. des Erdmantels erreicht, wie bereits erwähnt, 3- 5 °C/100 m. Das heißt, dass in einer Tiefe von 3000-4000 m eine Temperatur von 90-200 °C und in 5000 m Tiefe eine Temperatur von 150-250 °C existiert.

Diese Tatsache macht es möglich, dass man die Enthalpie (Thermodynamische Zustandsgröße) des in diesen Tiefen liegenden trockenen Gesteins nutzen kann. Dieses geschieht dadurch, dass man Wasser mit sehr hohen Druck mittels ins Erdreich getriebener Rohre (injektion well) nach unten pumpt und danach das durch die Wärmeübertragung entstehende Heißwasser / Dampfgemisch in einem anderen Rohr (production well) wieder an die Erdoberfläche führt.

Die Effektivität der Wärmeübertragung hängt selbstverständlich wesentlich von der Flächengröße der Wärmeübertragung ab. Deswegen eignen sich zu einem HDR-Verfahren nur poröse Gesteinsschichten, also Gestein mit Rissen und Spalten. So erhält man einen natürlichen Wärmeaustauscher mit großer Übertragungsfläche. Die Risse und Spalte werden durch das in großen Mengen eingepresste Hochdruckwasser erweitert und neue werden erzwungen (sog. hydraulisches Stimulationsverfahren).

Ein gelungenes Pilotprojekt für das HDR-Verfahren in Europa ist das paneuropäische Erdwärme-Projekt in Soultz-sous-Forets, (Elsass, Oberrheintalgraben). Hier hat man in 3900 m Tiefe eine etwa 3 km^2 große natürliche Wärmeaustauschfläche erschlossen und hierdurch eine 10-11 MW_{th} extrahierbare Wärmeleistung erreicht (1997). Später wurde in 5000 m Tiefe ein 195 °C extrahierbares Fluidum gefunden. Weitere HDR-Projekte laufen in Süddeutschland (Bad Krach) und auf der norddeutschen Ebene in vulkanischen Gesteinsschichten (Groß Schönebeck, Brandenburg).

Solche Systeme sind kostenintensiv. Eine 5000 m tiefe Bohrung kann bis zu 4 Mio.$ kosten. Zum Zweck der Stromerzeugung sind die anfallenden Kosten bislang noch zu hoch, da diese Anlagen nur eine Leistung von 50 MW_{th} erreichen.

Investition: etwa 5000 $/kW
Strompreis: etwa 7-15 Cent/kWh

Die HDR-Wärmekraftwerke können etwa 20 Jahre am selben Ort betrieben werden. Während dieser Zeit kühlt der bearbeitete Gesteinblock ab, sodass man mit der Anlage weiterziehen muss. 20 Jahre entsprechen etwa der gleichen Lebensdauer einer fossilen Anlage.

6.2.3 Wärmesonden kombiniert mit Wärmepumpen

Wärmepumpen können Wärmeenergie (Enthalpie) mit zugeführter Arbeit (z.B. elektrische Kompressoren) von niedriger Temperatur T_1 [K] auf ein höheres Temperaturniveau T_2 [K], ($T_2 > T_1$) transportieren. Sie arbeiten analog zu einem Kühlschrank, der aus dem kalten Inneren Wärmeenergie abzieht und in die wärmere Umgebung befördert. In der Wärmepumpe wird ein Kühlmittel angewendet, das durch Wärmetauscher die Wärme an dem „kalten" Punkt (T_1) aufnimmt und an den „warmen" Punkt (T_2) abgibt.

Die Leistung der Wärmepumpe wird durch die Leistungszahl (ε) charakterisiert:

$$\varepsilon = \frac{\text{Heizleistung}^{*}}{\begin{array}{c}\text{Geleistete Leistung}\\ \text{des Kompressors}\\ \text{bzw. Pumpe}\end{array}} = \frac{T_1\ [K]}{T_2 - T_1\ [K]}$$

* Entschpricht der Wärmeenergie/s, die von T_1 auf T_2 transportiert wird

Unterstellen wir einmal beispielhaft, wir finden folgende Voraussetzungen vor: Die Oberflächentemperatur eines Gewässers beträgt 12,5 °C. Die Umgebungstemperatur liegt bedingt durch die Erdwärme in 50 m Tiefe bei 15 °C oder bei einer anderen Sonde in 100 m Tiefe bei 17,5 °C. Will man die Enthalpie dieser Umgebung auf 45 °C erhöhen, also ein Heizwasser mit dieser Temperatur erzeugen, erhalten wir folgende ε-Werte:

$$\varepsilon_1 = \frac{283{,}15K}{318K - 283{,}15K} = \frac{283{,}15K}{34{,}85K} = 8{,}12$$

bzw.

$$\varepsilon_2 = \frac{285{,}65K}{318K - 285{,}65K} = \frac{285{,}65K}{32{,}35K} = 8{,}83$$

Das bedeutet, dass man mit 1 J zugeführter Arbeit 8,12 J (ε_1) bzw. 8,83 J (ε_2) Wärme auf die Heizseite „pumpen" kann. Oder wir benötigen in einem anderen Beispiel statt 10^8 W konventionelle Heizleistung nur $1{,}2 \cdot 10^7$ W bzw. $1{,}13 \cdot 10^7$ W elektrische Pumpleistung.

• *Oberflächennahe Geothermie*

Auch die oberflächennahe Geothermie, bei der die Wärme der obersten Erdschichten oder des Grundwassers mit Wärmepumpen genutzt wird, zählt zur Erdwärmenutzung. Derzeit arbeiten in Deutschland etwa 60000 solcher Anlagen. In den USA sind 350000 Systeme im Betrieb. Den USA folgt die Schweiz, gefolgt von Schweden, Kanada, Österreich. Im Jahr 2000 waren weltweit insgesamt 600000 Anlagen im Betreib.

• *Tiefe Erdwärmesonden*

Vorhandene Tiefbohrungen, die z.B. zur Förderung von Erdgas oder Öl angelegt wurden, können ebenfalls zur geothermischen Energieerzeugung verwendet werden. 5000 bis 7000 solcher Bohrungen soll es allein in Deutschland geben. In die Tiefbohrungen werden Doppelrohrsonden bis zu 4 km tief in das Bohrloch eingeführt. Durch diese Sonden zirkuliert Wasser (oder Glykol) in einem geschlossenen Kreislauf. In der Tiefe wird es erwärmt und an der Erdoberfläche wird die Wärme dann an einen Wärmepumpenkreislauf abgegeben. Das technisch erreichbare Potential solcher Sonden liegt in Deutschland bei etwa 3000 PJ/a. Die hohen Kosten sind derzeit noch das Hauptproblem bei der Einführung dieser Technologie. Je nachdem, ob ein neues oder ein bereits vorhandenes Bohrloch benutzt werden kann, liegen die Kosten zwischen 8 und 10 Cent/kWh für Raum- und Gebäudeheizung (Nutzung: 2000 h/a), bzw. bei 3 bis 5 Cent/kWh für industrielle Prozesswärmenutzung (Nutzung: 5000 h/a).

Die Problematik der tiefen Erdwärmesonden wird in einem Projekt im Rahmen des Zukunftsinvestitionsprogrammes von der Technischen Universität Berlin untersucht.

Die Wärmepumpen sind teuer: 500-1000 EUR/kW. Hinzu kommen die Bohrarbeiten für die Sonden. Am häufigsten werden sie für die Versorgung von Einfamilienhäusern z.B. in Deutschland und Österreich mit Hilfe von staatlichen Förderungen installiert. In solchen Fällen betragen die Investitionskosten etwa 10000 $. 1 kWh Wärmeenergie kostet dann 6-10 US Cent.

6.3 Erzeugung elektrischer Energie auf geothermaler Basis

Tabelle 6.6 spiegelt die weltweit auf geothermischer Basis installierte elektrische Leistung in MW_e wieder: Im Jahr 2000 waren das 7974 MW_e. Vergleicht man das mit der installierten weltweiten elektrischen Gesamtleistung ($3365 \cdot 10^3$ MW_e), ergibt die geothermische Quelle etwa 0,2 % der gesamten Kapazität. Man sieht, dass die elektrische Nutzung der geothermalen Energie nur in einigen Ländern, z.B. Philippinen, Mexiko, Indonesien gefördert wurde; Deutschland fängt mit seinem Förderungsprojekt erst an (z.B. Neustadt-Glewe).

Tabelle 6.6

Elektrische Energie Produktion auf geothermischen Basis (2004)

Land		Installierte Kapazität [MW_e]		
		1995.	**2000.**	**2004.**
1.	USA	2817	2228	2544
2.	Philippinen	1227	1909	1931
3.	Italien	632	785	791
4.	Mexiko	753	755	953
5.	Indonesien	310	589	838
6.	Japan	414	547	534,3
7.	Neuseeland	286	437	434,5
8.	Island	50	170	202
9.	Salvador	105	161	187
10.	Costa Rica	55	142	161
11.	Nicaragua	70	70	77
12.	Kenia	45	45	127
13.	**Deutschland**	**0**	**0**	**0,23**
14.	China	29	29	k.A.
15.	Russland	11	23	79
16.	Türkei	20	20	20
17.	Äthiopien	0	9	9
18.	Frankreich	4	4	20
19.	Argentinien	0,7	0	k.A.
20.	Thailand	0,3	0,3	0,3
21.	Australien	0,2	0,2	0,15
Insgesamt:		**6833**	**7974**	**8908,25**

*Quelle: IGA (*http://iga.igg.cnr.it/geoworld/geoworld.php?sub=duses*)*

Diese schwierige Lage (s. Tabelle 6.6) hängt damit zusammen, dass zu einem *normalen Dampfturbinenbetrieb* nur solche Quellen genutzt werden können, bei denen der direkte bzw. indirekte Wärmeträger (z.B. Wasserdampf) eine Temperatur von über 180-200 °C erreicht. Solche Quellen sind bei hydrothermalen Verfahren selten. Für solch hohe Temperaturen muss man das HDR-Verfahren einsetzen.

Eine andere Möglichkeit ist die ORC-Methode (Organic Rankine Cycle), siehe Abb. 6.6. Das ORC-Verfahren arbeitet nach dem Wärmeaustauscherprinzip mit organischen Flüssigkeiten, die einen niedrigen Siedepunkt haben (z.B. Isobuthan). Der Wirkungsgrad η_e beträgt bei solchen Kraftwerken bei 200 °C etwa 10 -16 %.

Bemerkung: Der sog. Kalima-Prozess ist ein ORC-Prozess mit Ammoniak (NH_3). Er hat gegenüber anderen ORC-Prozessen einen etwas höheren Wirkungsgrad.

Abbildung 6.6

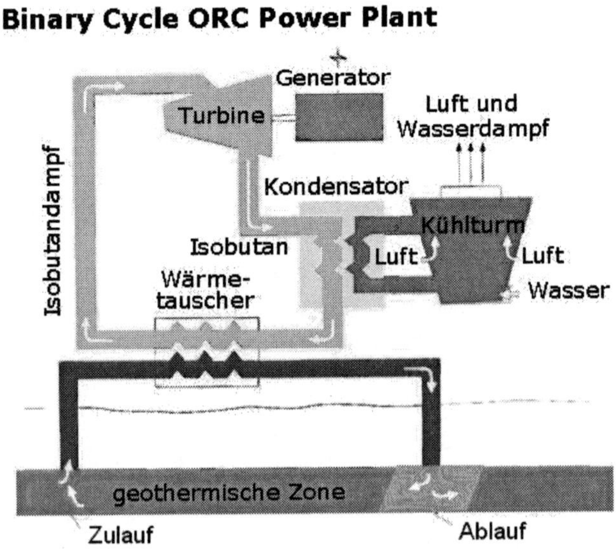

Schema eines ORC geothermischen Kraftwerkes

Referenz ORC-Kraftwerke in den USA:

Case Diablo Geothermal Area	Binary / 8 units / 27 MW
Honey Lake Geothermal Area	Binary / 2 units / - MW
Imperial Valley Geothermal Area	Binary-Double Flash / 92 units / 402,8 MW
Nevada Geothermal Area	Binary-Single-Double Flash / 50 units / 195,7 MW
Utah Geothermal area	Binary-Flash-Dry / ? units / 33 MW
Hawaii Geothermal Area	Hybrid / 1 unit / 25 MW

In Kap. 6.4.2 wird das ORC-Kraftwerk Neustadt-Glewe (Standort Deutschland) detailliert diskutiert.

6.4 Detaillierte Angaben zu geothermischen Karten und Anlagen — weltweit

6.4.1 Nutzung geothermischer Potentiale in Deutschland

Im Jahr 2000 betrug die verfügbare geothermische Kapazität in Deutschland nur etwa 397 MW_{th}; dies entspricht einem Jahresverbrauch von 1568 TJ. Die Erzeugung basiert großenteils auf oberflächennaher Geothermie oder tief liegenden Wärmepumpen-Sonden (etwa 60000 Einheiten) und einige wenige Systeme mit hydrothermalen Verfahren.
Diese Kapazität ist bis 2005 um etwa 110 MW_{th} gestiegen. Der gesamte Wärmeverbrauch in Deutschland liegt in 2005 um die 2900 TJ. Abb. 6.7 zeigt die wichtigsten geothermische Standorte für die direkte thermische Nutzung in Deutschland.

Abb. 6.7

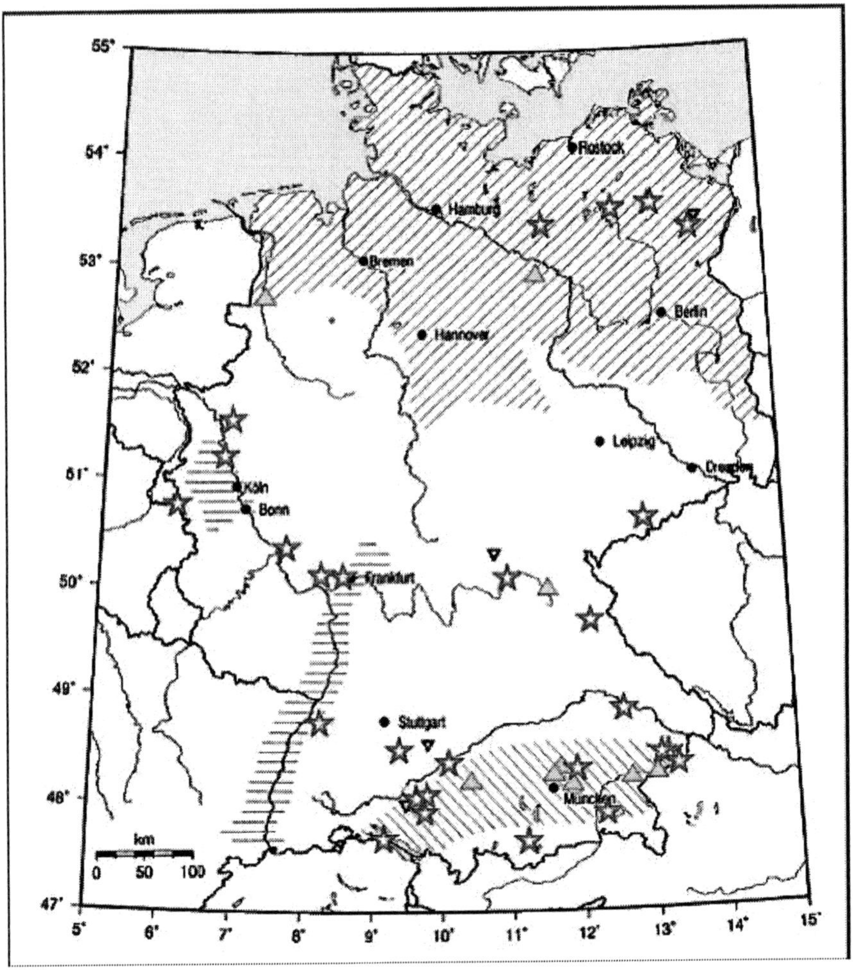

Geothermische Standorte in Deutschland (Sterne)

Abb. 6.4 zeigt die Temperaturverteilung in 2000 m Tiefe in Deutschland an. Besonders geeignet für geothermische Anlage ist der Oberrheingraben.

Abb. 6.8

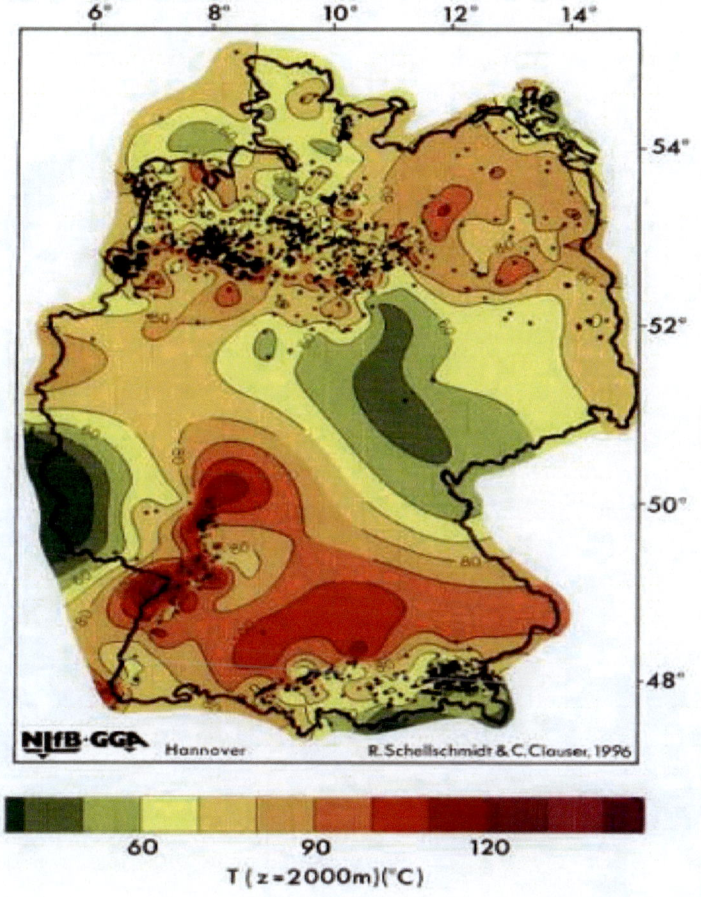

Deutschlands geothermische Verhältnisse in 2000 m Tiefe
(Quelle: Hotrock)

Die Tabellen 6.7, 6.8 zeigen die wichtigsten installierten (etwa 25) und geplanten (etwa 10) geothermalen Anlagen.

Tabelle 6.7

*Existierende geothermale **Anlagen** in Deutschland*

Deutschlands geothermale Anlagen **Ort**	**MW_{th}** (GWh/a)	**T (°C)**
Neustadt-Glewe	10.7 (22,2)	95
Neubrandenburg	10	54
Erding*	8.6 (15)	66
Staubing*	5.4 (0,007)	36.2
Waren (Müritz)*	5.2 (4,1)	60
Wiesbaden	1.76	69
Staffelstein	1.70	54
Biberach	1.17	49
Buchau	1.13	48
Endorf	1.0	60-65
Urach	1.00	58
Aachen	0.82	68
Neu-Ulm	0.7	45-50

Ort	**MW_{th}** (GWh/a)	**T (°C)**
Konstanz	0.62	29
Prenzlau	0.50	108
Frankfurt-Höchst	0.45	-
Waldsee	0.44	30
Baden-Baden	0.44	70
Füssing	0.41	56
Gladbeck	0.28 (0.18)	-
Kochel am See	0.21	-
Griesbach	0.20	60
Weiden	0.20	26
Ems	0.16	43
Düsseldorf	0.12	-
Ehrenfriedersdorf	0.12	7-9

(Quelle: Schellschmidt et al.: R. Schellschmidt et al: Proceedings World Geothermal Congress, 2000, Kyushu-Tohoku, Japan, 28.05.2000.)

Bemerkung:
* Mit Wärmepumpen (Info von 1994)
( ) Geothermische Wärmelieferung (2002). Die Fördertiefen liegen zwischen 1500-2300 m.

Tabelle 6.8

Deutschlands geothermale ***Projekte***

Ort	Jahr	MW_{th}	Tiefe (m)	T (°C)
Simbach am Inn (13.02, 48.27)	2000	20	2300-2400	90-100
Altötting (12.68, 48.23)	2000	16	2200-2300	90-100
Neufahrn (11.67, 48.32)	2000	10-15	1600-1800	80-85
Markt Schwaben (11.85, 48.18)	2002	12	2500-2600	80-85
Unterschleissheim (11.57, 48.28)	2000	9-10		90
Bayreuth (11.58, 49.94)	2002	6	1100	31
Krumbach (10.40, 48.20)	2000	6	1500-1600	55
Meppen (7.30, 52.70)	2000	2.5	1500	60
Arendsee (11.46, 52.87)	2001	?	1557	75.5

6.4.2 Deutschlands geothermische Elektrizitätsproduktion.

Im Jahr 2000 gab es in Deutschland noch keine Erzeugung von elektrischer Energie auf geothermischer Basis. Man rechnet damit, dass durch HDR- und ORC-Projekte 5 % des gesamten elektrischen Bedarfs mit geothermischer Energie gedeckt werden könnte. Ein Pilotprojekt dafür ist mit dem ORC-Verfahren in Neustadt-Glewe im Jahre 2003 aufgebaut worden. Das schon seit 1995 existierende Heizwerk (s. Abb. 6.9) wurde für die Stromerzeugung um ein *Pilotkraftwerk* mit ORC-Kreislauf erweitert.

Abb. 6.9

Außenansicht des Erdwärmeheizwerkes Neustadt-Glewe GmbH im Jahr 2000

Hier startete im November 2003 die geothermische Stromerzeugung in Deutschland. Die Leistung beträgt 210 kW; und die Anlage produziert 1,2 GWh Strom.

Weitere Projekte für geothermische Stromerzeugung im Rahmen des ZIP-Programms zeigt Tabelle 6.9.

Tabelle 6.9

Standort	Anzahl Bohrungen	Tiefe [m]	Temperatur [°C]	Fördervolumen [m³/h]	Elektrische Leistung [MW]
Bad Urach	Ziel: 4 derz.: 3	4450	170	180	1
Unterhaching	2	3100	120	540	0,54
Offenbach/Pfalz	2	2500	150	360	6,5
Groß- Schönebeck	Ziel: 2 derz.: 1	4300	140	Ziel: 75 derz.: 25	0,8
Soultz -sous- Forêts	4	5000	200	360	6
Bruchsal	2	2540	135	50	0,24

Technische Details weiterer Projekte zur geothermischen Stromerzeugung im Rahmen des ZIP-Programms liefert die Quelle: www.bine.info

6.4.3 Geothermische Potentiale in anderen Regionen der Welt

Das West- bzw. Zentralalpengebiet

Abb. 6.10

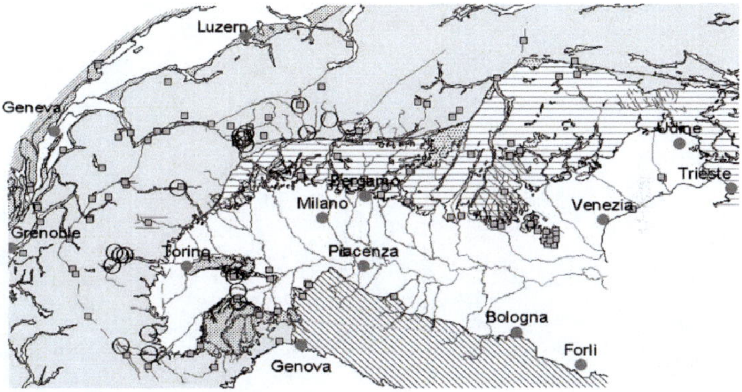

Die geothermischen Potentiale der Alpenregion (□,○)

Die **USA** ist der größte Erdwärmeproduzent der Erde (s. Tabelle 6.4).

Abb. 6.11

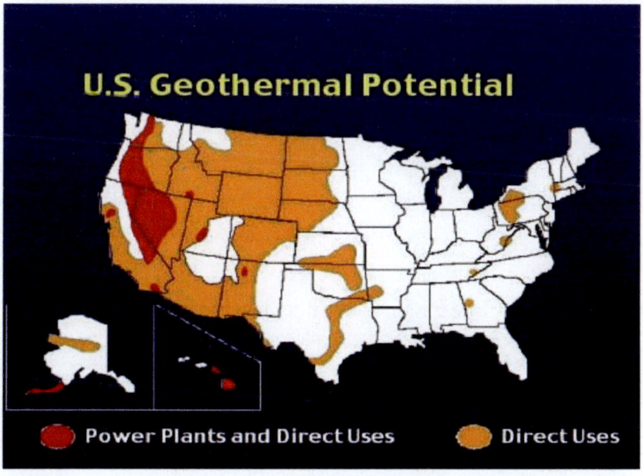

Das geothermische Potential der USA

Australien

Abb. 6.12

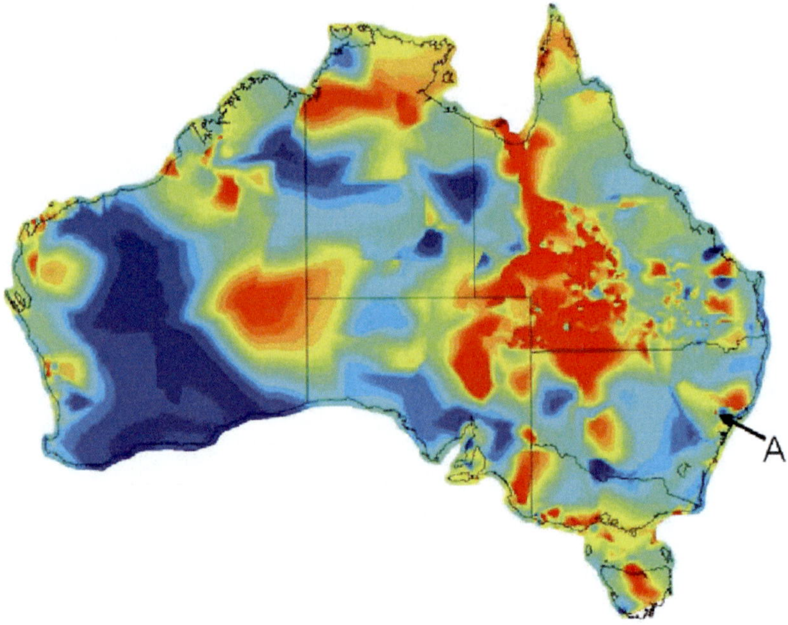

Das HDR-Potential in Australien (rote Gebiete)
[ERDC report 243, 1994. Australian National University]

Ungarn

Ungarn hat erstklassige geothermische Gegebenheiten. Das ungarische Tiefland liegt in einem Gebiet, das überdurchschnittliche geothermische Anomalien aufweist. Besonders groß sind in diesem Gebiet die Heißwasser- (Thermalwasser-) Reservoirs. Bis 3000 m unter dem ungarischen Tiefland betragen die Thermalwasserreservoir über 2500 km^3 — davon etwa 500 km^3 mit einem Salzgehalt von 20 %. Dieses Thermalwasserreservoir stellt einen Energiespeicher $6 \cdot 10^{20}$ J dar.[45]

---

[45] Man darf diese Energie in 20000 Jahren ausschöpfen: Dies entspricht einer Jahresproduktion von $3 \cdot 10^{16}$ J. Die tatsächliche Ausbeute beträgt allerdings nur $4 \cdot 10^{15}$ J/a. Dies ist etwa nur ein Zehntel der jährlich verfügbaren Wärmeenergie.

Ungarn (s. Tabelle 6.4) produziert $8 \cdot 10^{15}$ J/a (7939 TJ/a) geothermische Energie. Somit nimmt Ungarn weltweit den zweiten Rang in der W_{th} / Kopf-Skala ein. In 800 Einheiten werden jeweils 10^8 m^3 Wasser bei Temperaturen zwischen 50 bis 80 °C aus 1000-2000 m Tiefe gefördert.

Abb. 6.13 zeigt die Hochenthalpie-Ressourcen (T: 110-200 °C) von Ungarn.

Abb. 6.13

Hochenthalpie-Quellen in Ungarn
(rot: ~200 °C, grün: 104-180 °C, grau: <110 °C)

In Ungarn produziert man derzeit keinen Strom aus Erdwärme. Eine Pilotanlage in Fabiansebestyén mit 80 MW_e erwartet man in 2010.

Auch Wärmepumpen sind kaum verbreitet, nur einige hundert Haushaltssonden arbeiten derzeit nach diesem Prinzip.

Die Umgebung von Ungarn (Slowakei, Rumänien, Kroatien)

Diese Länder gehören auch zu dem von den Karpaten umgebenen Tiefland. Wie Tabelle 6.4 zeigt, sind diese Länder alle „Großmächte" in der Geothermie.

7. WÄRMEPRODUKTION MIT ERNEUERBAREN ENERGIEN, SONNENKOLLEKTOREN, SOLARTHERMISCHE KRAFTWERKE

7.1 Solarkollektoren (Sonnenkollektoren) SK

Sonnenkollektoren[46] für die Solarthermie *nutzen die direkt und die gestreut einfallende Sonnenstrahlungsenergie in Form von Wärmeenergie* z.B. für die lokale Warmwasserversorgung und zum Heizen von Wohnhäusern, Appartementhäusern, Bürokomplexen und Schwimmbädern. Dieses geschieht durch Absorption von Strahlungsenergie mit Hilfe von speziellen Flüssigkeiten, die als Energieträger dienen.

7.1.1 Eingestrahlte Intensität (Bestrahlungsstärke) [W_s/m^2, Index s: Strahlung] und Wärmeaufnahme

Die Durchschnittswerte der lokalen Strahlungsintensitäten wurden bereits in Kap. 2.2 diskutiert. Die Tagesdurchschnittswerte des Strahlungsflusses z.B. in Süddeutschland sind in Abb. 7.1 dargestellt.

---

[46] Wir bedanken uns herzlich bei Stiebel Eltron Int. GmbH (Holzminden, Deutschland) und bei der Firma Viessmann, die uns bei der Vorbereitung dieses Kapitels geholfen haben und uns freundlicherweise die Nutzung einer Reihe ihrer Abbildungen genehmigt haben.

Abb. 7.1

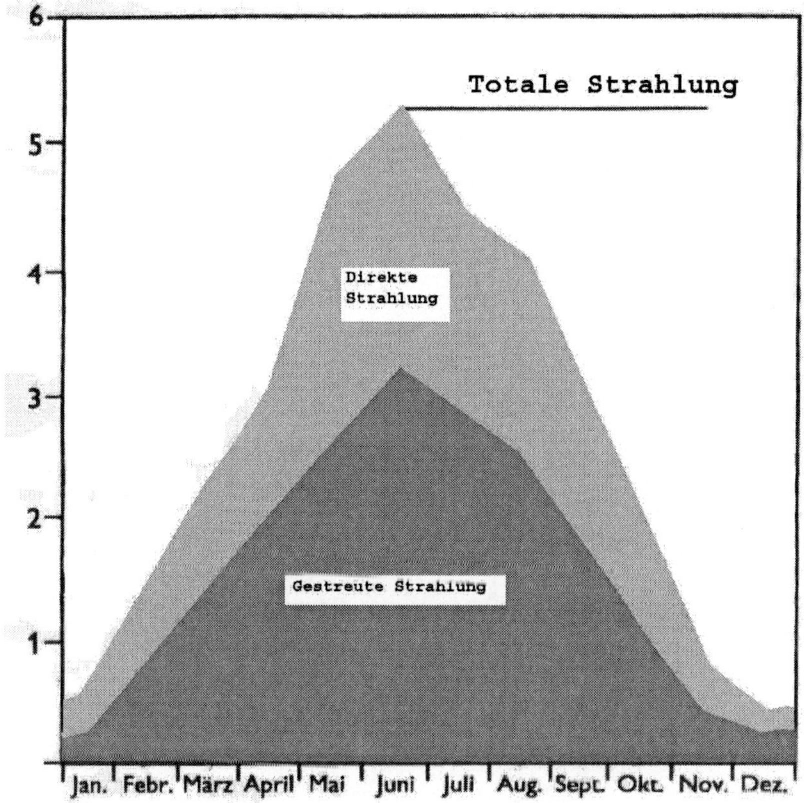

Tages (24 Stunden) Durchschnittswerte des Strahlungsflusses ($kWh/m^2 \cdot d$) in Süddeutschland

Die Kollektoren nutzen auch die gestreute Strahlung: Sonnenkollektoren arbeiten auch bei trübem Wetter.

1. Rechnungsbeispiel für Sommer- Spitzenwerte[47]

$$5\ [\mathrm{kWhm^{-2}d^{-1}}] \approx 5000\ \mathrm{Whm^{-2}d^{-1}} \triangleq \frac{5000Wh}{24hm^2} = 208\frac{W_s}{m^2}$$

$$208\frac{W_s}{m^2}\cdot 86400\frac{s}{d} \approx 18\cdot 10^6[Jm^{-2}d^{-1}] \approx 18000kJm^{-2}d^{-1}$$

Die in der Abb. 7.1 angegebenen Werte sind nur auf einer südlich orientierten Fläche mit einer 45°-Neigung zur horizontalen Ebene realisierbar. Die Abweichungen von dieser Einstellungen vermindern den Fluss (s. Abb. 7.2/a,b) durch einen Wirkungsgradabfall.

Abb. 7.2

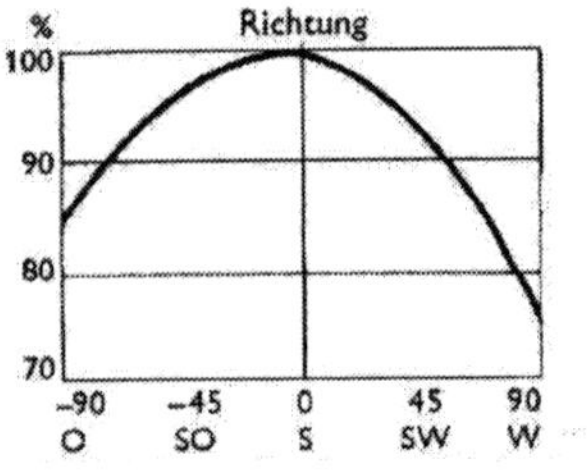

a) Wirkungsgradverluste bei Abweichung von der Südorientierung O: Ost, S: Süd, W: West

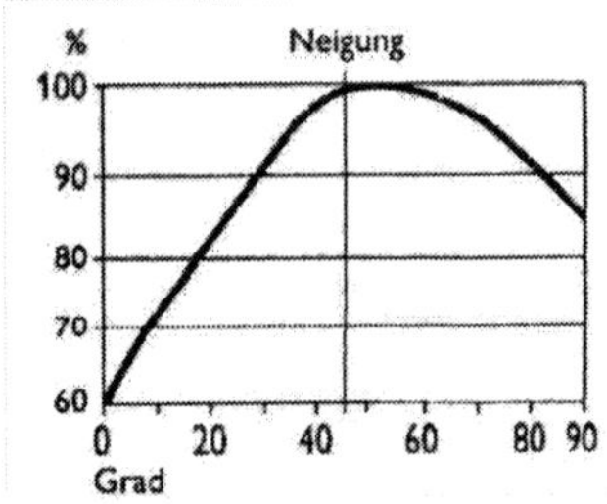

b) Wirkungsgradverluste[48] *bei Abweichung von der 45° Neigungswinkel*

Bei den vorliegenden Rechenbeispielen werden diese Korrekturen vernachlässigt.

---

[47] In den Prospektmaterialen werden oft Bestrahlungsstärken von 800-1000 W_s/m^2 angegeben. Die sind, wie in Kap. 2 erwähnt, nur im Labor realisierbare ***nominale Werte***.

[48] Nur bei Flachkollektoren. Bei Vakuum-Rohrkonstruktionen ist die Absorptionsfläche konvex gewölbt — also kein Einfluss des Neigungswinkels.

● Die durch die Wärmeträgerflüssigkeit pro Tag und m² aufgenommene durchschnittliche Wärmemenge $Q'[Jm^{-2}d^{-1}]$ kann mit Hilfe der Beziehung

$$Q' \; [W_s \, s \cdot m^{-2} d^{-1}] = I \left[\frac{W_s}{m^2}\right] 24 \, \frac{h}{d} \, 3600 \left[\frac{s}{h}\right] \cdot \eta \quad , [J \; m^{-2} d^{-1}]$$

berechnet werden.

● *Beispiel 2:* Im Hochsommer ist der durchschnittliche Wirkungsgrad der Flachkollektoren $\bar{\eta}$= 50 %. An einem *Tag* mit 208 W_s/m^2 = 5 $kWhm^{-2}d^{-1}$ ist die aufgenommene Wärmemenge pro Quadratmeter

$$Q` \; [Jm^{-2}d^{-1}] = (208 \; W_s \cdot m^{-2} d^{-1} \cdot 86400 \; h/a) \cdot 0{,}5 \approx 9000 \; [kJ \; m^{-2} d^{-1}].$$

● Im Winter beträgt der mittlere Wirkungsgrad typischerweise $\bar{\eta}$=15 %

und die Bestrahlungstärke 38 $\frac{W_s}{m^2} \approx 0{,}913 \; kWhm^{-2}d^{-1}$.

Für diesem Fall gilt: $Q` \; [Jm^{-2}d^{-1}] = (38 \; W_s \cdot m^{-2} d^{-1} \cdot 86400 \; h/a) \cdot 0{,}15 \approx 492 \; [kJ \; m^{-2} d^{-1}]$

● Die Tabelle 7.1 zeigt diese Berechnungen für Monatswerte eines typischen Jahres. *Bemerkungen zu der Tabelle 7.1:*

Im jährlichen Durchschnitt beträgt Q`= 3667 $[kJm^{-2}d^{-1}]$. Mit dieser Wärmemenge kann man durchschnittlich 28,2 $Lit./m^2 \cdot d$ warmes Wasser (Erwärmung von 16 C° auf 45 C°) zubereiten:

$$Q = c_p \cdot m \cdot \Delta T$$

c_p = spezif. Wärmekapazität bei konst. Druck $[J \cdot kg^{-1} \cdot K^{-1}]$ wobei $c_p(H_2O) = 4{,}19 \frac{kJ}{kgK}$, $\Delta T = 45K - 14K = 31 \; K$, also

$$m = \frac{Q}{c_{p.} \cdot \Delta T} = \frac{3667 KJ}{4{,}19 \frac{kJ}{kgK} \cdot 31 K} = \frac{3667 KJ}{130 \frac{KJ}{kg}} \mathrel{\hat{=}} 28{,}2 \, kg/m^2 \cdot d \mathrel{\hat{=}} 28{,}2 \; Lit./m^2 \cdot d$$

Analoge Rechnungen ergeben für den Monat April Q`= 3458 kJ/m^2d bzw. den Monat September E = 4031 KJ/m^2d. Dies entspricht 26,6 bzw. 31 $Lit./m^2 \cdot d$.

Für die Monate Mai bis August erhält man danach ca. 60 $Lit./m^2 \cdot d$.

Tabelle 7.1

Monat	**W_s/m^2**	**[kWh $m^{-2}\cdot d^{-1}$]**	**η %*)**	**Q [kJ $m^{-2}\cdot d^{-1}$]**	**Wassertemp. 45 °C , ΔT = 31 °C**	
	Tagesdurchschnitt				**Liter/$m^2\cdot$d*** **	**Liter/d für11 m^2**
Januar	29,2	0,7	15	378	2,91	32,0
Februar	58,2	1,4	20	1008	7,74	85,1
März	100,4	2,4	25	2160	16,7	183,7
April	133,4	3,2	30	3456	26,6	**292,6**
Mai	196,0	4,7	40	6768	52,1	**573,1**
Juni	216,3	5,2	45	8424	64,7	**711,7****)
Juli	196,0	4,7	50	8462	65,1	**716,1****)
August	166,2	4,2	45	6480	49,7	**547,0**
September	133,3	3,2	35	4032	31,0	**341,0**
Oktober	83,0	2,0	25	1800	13,8	152,0
November	42,5	1,0	20	720	5,7	62,7
Dezember	25,5	0,6	15	324	2,5	27,5
Jährlicher Durchschnitt	$\frac{1380}{12} = 115$	$\frac{33{,}1}{12} = 2{,}6$ (Erfahrungs-gemäß ~ 950 kWh/$m^2\cdot$a)	365:12 = 30,4	44012 : 12 = 3667 d. h. $1{,}34\cdot10^6$ kJ/(m^2 a) 2,5 m^2 : $3{,}35\cdot10^3$ MJ/a 600 m^2 : 804 GJ/a	339 : 12 = 28,2	April. – Sept. 11 m^2 SK > 300 Liter/Tag Warmwasser

*) Für Flachkollektoren! Für Vakuumrohr-Kollektoren ist η um einen Faktor 1,3 größer.

**) Erfahrungsmäßig 700 Liter/Tag für Flachkollektoren.

***) Durchschnittswert für den gesamten Monat

7.1.2 Sonnenkollektoren (SK) - Typen

Die **Flachkollektoren** sind tafelförmig aufgebaut (s. Abb 7.3 a,b). Deren Oberflächen sind aus Spezialglas gefertigt (s. Kap. 7.1.3). Die Seiten und der untere Teil sind wärme- und wasserdicht isoliert. Die Tafeln sind etwa 8 cm dick und beinhalten die Wärmeträgerflüssigkeit.

Abb. 7.3

a) Viesman Vitosol 100 w 2,5 *b) Stiebel SOL 25S*

Bei Flachkollektoren ist der Wirkungsgrad η kleiner als der von Vakuumkollektoren. Bei diesen Kollektortypen sinkt η empfindlich mit der Tageszeit (~ Einfallswinkel) und mit der Jahreszeit (~ Einfallswinkel, Wärmeverluste), anderseits ist dieser Typ preiswerter und bietet für den Zeitraum April-September eine optimale Lösung. Typische technische Parameter sind in Tabelle 7.2 zusammengefasst.

Tabelle 7.2

SOL 25		**Vitosol 100 w 2,5**	
Absorptionsfläche:	2,5 m^2	Optischer Wirkungsrad η	83 %
Höhe:	2233 mm	Wärmeverlustkoeffizient k_1	3,68 $W/(m^2 \cdot K)$
Breite:	1223 mm	k_2	0,011 $W/(m^2 \cdot K)$
Tiefe:	78 mm	Masse (leer):	60 kg
Masse (leer):	48 kg		
Wärmeträger-Vol.	1,6 Liter	Wärmeträger-Volumen	3,0 Liter
Max. Leistung:	2000 W [1)]	Erlaubter Überdruck	6 bar
Max. Leergang-Temperatur	210 °C	Max. Leergang-Temperatur	211 °C
Erlaubter Überdruck	6 bar	Absorptionsfläche	2,5 m^2
Druckabfall bei 200 Liter/h	8 mbar		

[1)] 1000 W/m^2 nominale Leistung.

Einige technische Parameter der Flachkollektoren

Ein Modul von ***Vakuumkollektoren*** (s. Abb. 7.4) besteht aus 20-30 unter Vakuum stehenden Röhren, die in ihrem Inneren je ein dünneres Röhrchen mit leicht verdampfendem Flüssigkeitsinhalt beinhalten (s. Abb. 7.5). Diese Röhrchen führen zu einem Kopfteil.

Abb. 7.4

Montierte Vakuumkollektoren (Stiebel, SOL 300)

Abb. 7.5

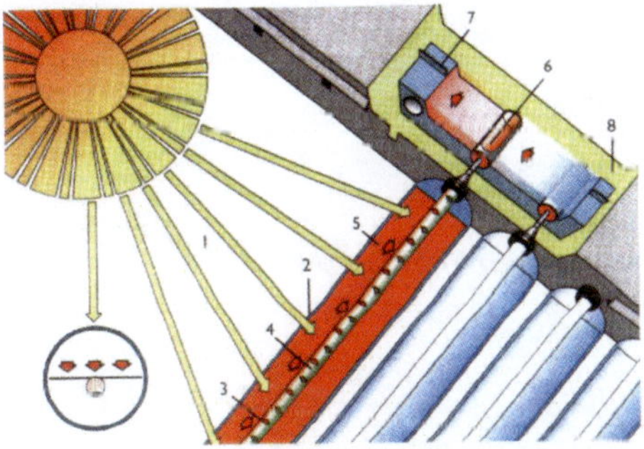

Konstruktionsbild von Stiebel Vakuumkollektoren

Das ganze System funktioniert folgendermaßen: Der Flüssigkeitsinhalt der inneren Röhrchen verdampft durch die Absorption der Einstrahlung und kondensiert nachher zu dem Kopfteil hin. Die hierdurch freiwerdende Wärme wird in dem Kopfteil an die Wärmeträgerflüssigkeit übertragen. Der kondensierte Röhrcheninhalt fließt aufgrund des Gravitationseffektes wieder zurück in die Verdampfungsröhrchen.

Tabelle 7.3 fasst einige wichtige Parameter von Vakuumkollektoren zusammen.

Tabelle 7.3

Technische Parameter von Stiebel Vakuumkollektor-Modulen

Typ.	SOL 200A	SOL 300A
Totale Fläche:	3,04 m^2	4,49 m^2
Absorptionsfläche:	2,00 m^2	3,00 m^2
Höhe:	2040 mm	2040 mm
Breite:	1596 mm	2310 mm
Masse (leer):	55 kg	80 kg
Wärmeträgervolumen:	2,15 Lit.	3,25 Lit.
Max. Leistung:[x)]	1580 W	2370 W
Max. Leergang-Temperatur in dem Kopfteil:	160 °C	160 °C
Erlaubter Überdruck:	6 bar	6 bar
Druckabfall bei 400 Lit./h:	8 mbar	12 mbar

x) bei 1000 W/m^2 nominale Leistung

7.1.3 Wirkungsgrad der Sonnenkollektoren

Die äußere Glasschicht der Sonnenkollektoren ist mit einer reflexionsarmen dünnen Schicht bedeckt. Die Glasscheibe reflektiert nur 10 %; ebenso viel wird absorbiert. Somit werden 80 % von dem Wärmeträger aufgenommen. Man geht davon aus, dass *der optische Verlust* 20 % und damit der optische Wirkungsgrad $\eta_{opt} = 80$ % beträgt.

Außer dem optischen Verlust treten auch Verluste durch Wärmeleitfähigkeit (In erster Nährung gilt für den Temperaturverlust $\Delta T = T_{Koll} - T_{Umg}$) und Strahlungsverluste auf. Die Verluste durch Wärmeleitfähigkeit sind für Flachkollektoren viel größer als für Vakuumkollektoren. Die Strahlungsverluste sind proportional zu ΔT^3.

In erster Nährung sind alle Verluste von ΔT abhängig. ΔT ist im Winter groß, im Sommer hingegen klein. T_{Koll} hat einen typischen Wert von

60 °C, T_{Umg} liegt bei 5 bzw. 25 °C; also beträgt ΔT im Winter üblicherweise 55 °C und im Sommer 35 °C. Die Abbildungen 7.6a bzw. 7.6b zeigen die η / ΔT-Abhängigkeit für verschiedene SK-n.

Abb. 7.6a

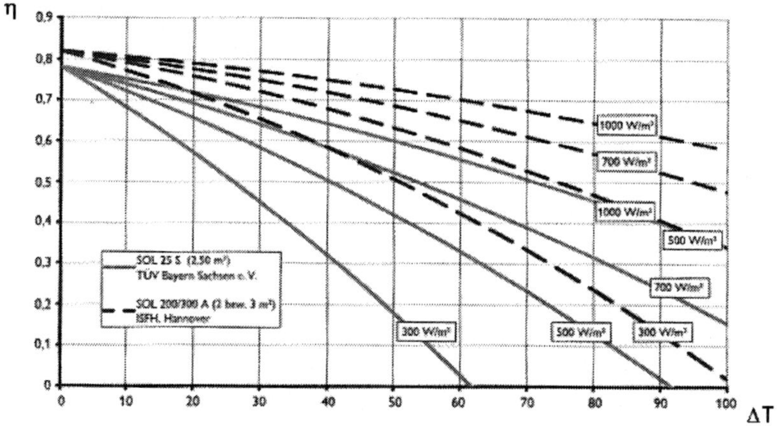

Wirkungsgrad von Stiebel Flachkollektoren

Abb. 7.6b

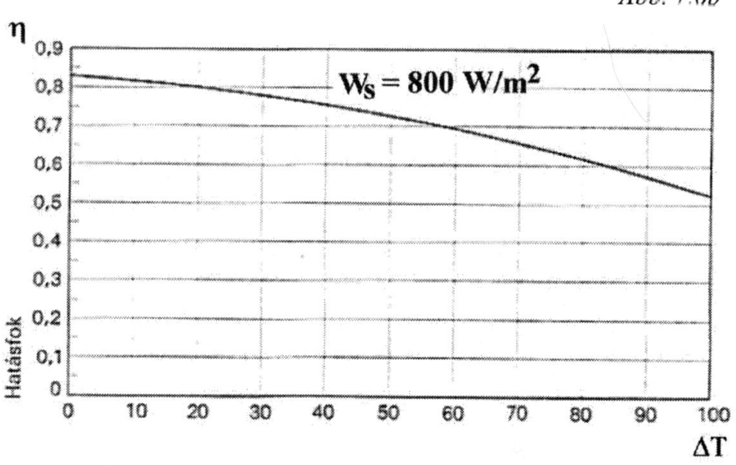

Wirkungsgrad von Viessman Vakuumkollektoren

Typische monatliche η-Werte von Flachkollektoren sind in Tabelle 7.1 zusammengestellt.

7.1.4 Rechenbeispiele

- *Krankenhaus Szent András* (Hévíz, Ungarn)

Der *Warmwasserbedarf* dieses Krankenhauses beträgt 13000 m^3/Jahr. Das Wasser muss im Jahresdurchschnitt von 14 °C auf 45 °C aufgewärmt werden ($\Delta T = 31$ °C).

Die zur Aufheizung erforderliche **Wärmemenge pro Jahr beträgt:**

$$Q = 4{,}19 \left[\frac{kJ}{kg\ K}\right] 13 \cdot 10^6\ [kg] \cdot 31\ [K] = \mathit{1{,}69 \cdot 10^6}\ MJ/a$$

Mit Umrechnungsfaktor

$$1\ MWh = 3{,}6\ GJ = 3{,}6 \cdot 10^3\ MJ$$

beträgt der **Energiebedarf/Jahr**

$$1{,}69 \cdot 10^6\ MJ/a \mathrel{\hat{=}} 469\ MWh/a = 469000\ kWh/a.$$

Das Krankenhaus verbraucht dazu 78000 m^3/a Erdgas mit einem Energiegehalt von

$$78000 \frac{m^3}{a} \cdot 34 \cdot 10^6 \frac{J}{m^3} = \mathit{2{,}65} \cdot 10^6\ MJ/a\ .$$

Daraus berechnet sich der Wirkungsgrad der Erdgasheizung zu:

$$\eta = 1{,}69 \cdot 10^6 / 2{,}65 \cdot 10^6 = 0{,}63 \mathrel{\hat{=}} 63\%$$

Die Verluste treten im Kessel und im Wärmenetz auf.

Bei einer durchschnittlichen Einstrahlungsdichte von 115 W_s/m^2 wird auf 1m^2 täglich

$$115\ W_s/m^2 \cdot 86400\ s/d\ \ 9{,}9\ MJ\ m^{-2}d^{-1}$$

bzw. jährlich

$$115\ W_s/m^2 \cdot 86400\ s/d \cdot 365\ d/a = 3{,}63\ GJ/m^2 \cdot a^{-1} \approx 1\ MWh\ m^{-2}a^{-1}$$

Energie eingestrahlt.

Mit einem jährlichen durchschnittlichen Wirkungsgrad $\bar{\eta}$ = 30 % (s. Tabelle 7.1) sind für einen jährlichen Energiebedarf von 1,69 · 10^6 MJ

$$\frac{1{,}69 \cdot 10^{12} J \cdot a^{-1}}{0{,}3 \cdot 3{,}63 \cdot 10^{9} Jm^{-2} \cdot a^{-1}} = 1552 \text{ m}^2$$

SK-Fläche: Das entspricht 621 SK-Elementen mit je 2,5 m^2 Solarfläche.

Wenn man mit SK-en nur einen Teil (z.B. 66 %) des Warmwasserverbrauchs aufbereitet und den anderen Teil zwischen Okt.-März mit einer Zusatz-Gasheizung produziert, dann braucht man nur 1024 m^2 SK-Fläche und für die Zusatz-Gasheizung 26520 m^3 Erdgas pro Jahr. Dadurch kann man 34 % des Gasverbrauchs also

$$\frac{26520 m^3 / a}{78000 m^3 / a} = 0{,}34$$

einsparen.

Um eine Erhöhung der **Wirtschaftlichkeit** im Bereich der Warmwasseraufbereitung zu erzielen, ist eine Investition von 260000 EUR notwendig. Hierdurch wäre es möglich 70 % von 78000 m^3 Erdgas jährlich einzusparen.

- *Typisches Einfamilienhaus*

Der durchschnittliche Warmwasserverbrauch eines 4 Personen Haushaltes beträgt etwa 300 Liter täglich, also 9 m^3/Monat bzw. 108 m^3/Jahr (= 108 · 10^3 kg/Jahr). Dazu benötigt man eine Wärmemenge von

$$Q = 4{,}19 \frac{kJ}{kg \cdot K} \cdot 108 \cdot 10^3 \frac{kg}{a} \cdot 31\, K = 14000\, MJ/a = 1{,}4 \cdot 10^{10}\, J/a$$

und bei einem Wirkungsgrad η = 30 % benötigt man für die gesamte Warmwasseraufbereitung eine SK-Fläche von

$$\frac{1{,}4 \cdot 10^{10}\, [\text{J a}^{-1}]}{0{,}3 \cdot 3{,}63 \cdot 10^{9}\, [\text{J m}^{-2}\text{a}^{-1}]} = 12{,}8 \text{ m}^2$$

Für dieses Beispiel könnte folgende Konstellation günstig sein: Man installiert 7,2 m^2 SK. Das entspricht 56 % der benötigten Wärmemenge.

Die restlichen 44 % der Energie werden durch eine Gaszusatzheizung abgedeckt.

- *Eine Computerrechnung mit dem „ESOP“ Programm von Viessmann*

Die Rechnung wird für die Anordnung gem. Abb. 7.7 durchgeführt.

Abb. 7.7

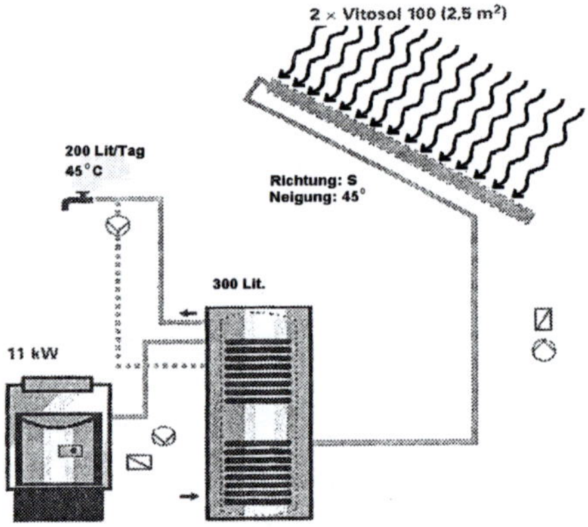

Anordnung zu den Rechnungsbeispielen

- *Ergebnisse für einen Jahresverbrauch nach ESOP:*

„SK-Anteil“ der Warmwasserherstellung	58,9 %
System-Wirkungsgrad	36,2 %
Die mit SK-en produzierte Wärmemenge	2214 kWh
Einstrahlung auf 5 m^2 (entspricht einem nicht realen Wert von 139,3 W_s/m^2)	6,12 MWh
Wärmebedarf für Warmwassererzeugung	2975 kWh
Erdgaseinsparung	274 m^3
CO_2-Emission Verminderung	520 kg

Der monatliche „SK-Anteil“ kann Abb. 7.8 entnommen werden.

Abb. 7.8

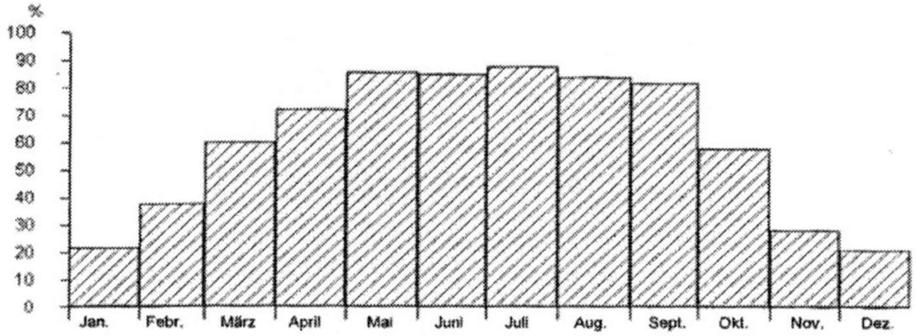

SK-Anteil [%] der Warmwasserherstellung.
Jahresdurchschnittswert ≈ 59 %

- *Ergebnisse nach eigenen Berechnungen*

– Einstrahlung auf 5 m^2 (Vitosol 100-Kollektoren / Viessmann)	6,12 MWh/a ($1{,}22 \cdot 10^3$ $kWha^{-1}m^{-2}$)
– Systemwirkungsgrad (η) (Viessmann)	36,2 %
– Die mit SK-en produzierte Wärmemenge (0,362 · 6120 kWh/a)	2215 kWh/a
– Das Gleiche mit η = 30 %	1836 kWh/a
– Wärmebedarf für Warmwasser-erzeugung	10,7 GJ/a (2975 kWh/a)

$$Q = 200\ Kg \cdot 365\ d \cdot 4{,}19\ KJ\,Kg^{-1}K^{-1}\ (45\text{-}10)\ K = 10{,}7 \cdot 10^6\ kJ/a = 10{,}7\ GJ/a$$

– Erdgasverbrauch	314 m^3a^{-1}

$$10{,}7 \cdot 10^9\ J/34 \cdot 10^6\ Jm^{-3} = 314\ m^3$$

– SK-Anteil mit η = 30 %	61 %

(1836/2975 = 0,61)

– Erdgaseinsparung	122,7 m^3

7.2 Solarthermische (ST) Kraftwerke

Bei solchen Kraftwerken wird die Sonneneinstrahlung von einer 1000-2000 m^2 Fläche mit einem computergesteuerten Spiegelsystem auf einen etwa 60 m hohen Turm fokussiert. Der Turm ist mit einer *Wärmespeicherflüssigkeit* aufgefüllt, die durch die Einstrahlung auf > 500 °C Temperatur aufgeheizt wird. Bei dieser hohen Temperatur ist die ST- Anlage imstande, *Überdruckdampf zu produzieren* und dadurch eine *Dampfturbinen* anzutreiben.

Die Wärmespeicherflüssigkeit hat eine hohe spezifische Wärme und hierdurch eine hohe Wärmespeicherkapazität. So kann das ST-Kraftwerk auch an den nicht sonnigen Tagen bei nur zwei Sonnenstunden dennoch Strom produzieren.

Diese riesige Anlagen (s. z.B. Abb. 7.9) sind ziemlich teuer; bisher existieren etwa ein Dutzend von dieser Art.

Abb. 7.9

Ein Solarthermisches Kraftwerk in Australien

8. BRENNSTOFFZELLEN (BZ) AUF METHAN- (ERDGAS-, BIOGAS-) BASIS
(KWK[49], DEA[50] FÜR HAUSHALTE UND KLEINKRAFTWERKE)

Das BZ-Prinzip ist seit dem 19-ten Jh. [1839, Sir W. Grove] bekannt; jedoch ist eine Industrialisierung und kommerzielle Anwendung der BZ derzeit noch nicht prognostizierbar [s. H.J. Bullinger (Ed.): Trendbarometer Technik, Hanser Verl. 2004)].

8.1 Physikalisch-chemische bzw. technische Grundlagen der BZ-n (komplexe BZ-Systeme)

In der Brennstoffzelle wird *die chemische Energie* der Oxydation der wasserstoffhaltigen Brennstoffe mit hohen Wirkungsgrad (bei komplexen[51] Systemen sogar mit $\eta_e = 60$ % el. Wirkungsgrad) **direkt** *in el. Energie umgewandelt,* wobei der übrig bleibende Teil der chemischen Energie für die Wärmeproduktion genutzt werden kann (KWK-, HCP-Systeme).

Diese **direkte Energieumwandlung** *wird dadurch realisiert, dass die Oxydation, also die* ***Elektronabgabe*** *des Brennstoffes und die* ***Elektronaufnahme*** *des Oxydants in der BZ, räumlich durch einen für Gase undurchlässigen Elektrolyt getrennt, abläuft. Beim Brennstoff handelt es sich letztlich im Prinzip immer um Wasserstoff (H, H_2).*

Die Brennstoffzelle zwingt die Elektronen vor der Elektronenübergabe zunächst durch einen äußeren Elektronenleiter (Stromkreis) zu laufen, um dort el. Arbeit zu verrichten.

---

[49] KWK: Kraft-Wärme Kopplung; Englisch: CHP oder HCP (Combined heat-power)

[50] DEA: Dezentrale Energieversorgungsanlage

[51] z.B. wenn die BZ-n mit Mikroturbinen zu einen Hybridsystem ergänzt werden.

Eine mögliche Konfiguration für eine Zelleneinheit (Anode-Elektrolyt-Kathode) zeigt schematisch Abb. 8.1.

Abb. 8.1

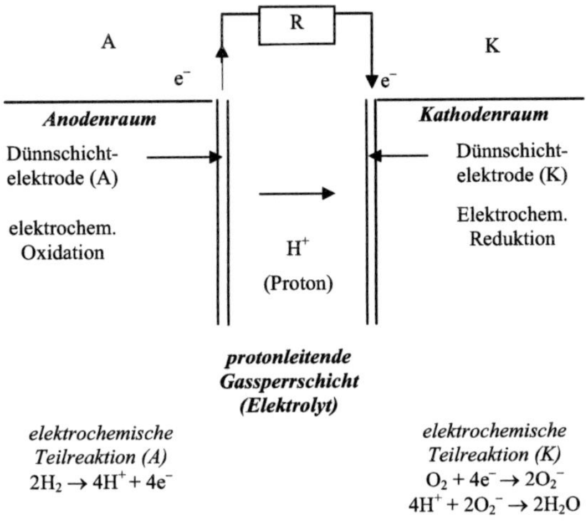

Chemische Bruttoreaktion (Oxidation)
$2H_2 + O_2 \rightarrow 2H_2O$

Funktionsprinzip einer BZ-Zelleneinheit

Bemerkung: In einer *chemischen* Oxydation, ohne räumliche Trennung der Teilreaktionen, gibt der Wasserstoff (H_2) seine Elektronen direkt an den Sauerstoff (O_2) ab. Durch die räumliche Trennung in der BZ werden diese Elektronen durch einen Lastwiderstand R (z.B. Glühbirne, Elektromotor, allg. Stromkreis) geleitet. *Der so generierte Gleichstrom wird hierdurch zu elektrischer Arbeit gezwungen.* Die räumliche Trennung schließt den Stromkreis durch eine gasdichte leitende Schicht (Elektrolyt), wie es z.B. in Abb. 8.1 durch eine protonenleitende Membran PEM (proton-exchange-membran, polymer-elektrolyte-membran). **Eine BZ-Zelleneinheit** (ein Elektrodenpaar) liefert unter Betriebsbedingungen eine

Zellspannung[52] von 0,6-0,8 V und eine auf die Elektrodenfläche bezogene Stromdichte von 0,2 A/cm².

Praktisch werden nicht einzelne Zellen sondern **BZ-Systeme** *eingesetzt.* Diese werden zweckentsprechend durch eine gewisse Zahl von in Reihe bzw. parallel geschalteten Einzelzellen, also von Zellstapeln, zu Modulen zusammengestellt. So gibt zum Beispiel — wie folgende Rechnung zeigt — eine MCFC (molten carbonate fuel cell / Schmelzcarbonat-BZ) mit 300 in Reihe geschalteten Einzelzellen eine Leistung von 240 kW_e ab (s. Kap. 8.2 und 8.3.1).

$$0{,}8\ [\text{V/Zelle}] \cdot 300\ \text{Zellen} = 240\ \text{V}$$

und mit ≈ 5000 cm² (70 x 70 cm) Zelloberfläche

$$0{,}2\ [\text{A/cm}^2] \cdot 5000\ [\text{cm}^2] = 1000\ \text{A}$$

also

$$240\ [\text{V}] \cdot 1000\ [\text{A}] = 240\ \text{kW}_e.$$

Auf die derzeit aktuellen Typen, Bauformen und sonstige Parameter von verschieden BZ-Systemen wird in Kap. 8.3 eingegangen.

8.2 Probleme bei der industriellen Fertigung von Brennstoffzellen in konstruktiver, technischer und wirtschaftlicher Hinsicht

Es liegt nahe, dass sich reiner Wasserstoff (H_2) als Brennstoff für BZ-n anbietet, der aber leider als Primärenergieträger in der Natur nicht zur Verfügung steht. Für BZ-n werden vielleicht erst „goldene Zeiten" zum Ende des 21. Jh. anbrechen, wenn es gelingt, reinen Wasserstoff technisch und wirtschaftlich preiswert herzustellen. Eine derart geeignete

---

[52] Die Einheitszelle $H_2 + ½\ O_2 = H_2O$ liefert ohne Belastung statt 0,6 – 0,8 V ein höheres Zellpotential. Die Differenz kommt durch sog. Polarisationsprozesse zustande.

Technologie wäre die Elektrolyse des Wassers durch preiswerten Strom ($2H_2O \rightarrow 2H_2 + O_2$). Damit beschäftigen wir uns in dem Kapitel 9, obwohl wir allerdings die Grundfrage: „Wie soll dieser preiswerte Strom erzeugt werden?" bewusst offen lassen.[53]

Die natürliche H_2-Quelle des 21. Jahrhunderts ist das methanreiche, entschwefelte Erdgas. Schwefel ist auch in Spuren ein Elektrodengift. Eine weitere Alternative wäre der Bioalkohol (s. Kap. 5). Selbstverständlich müssen wir dazu das Methan irgendwie ***reformieren***. (***Reformierung*** nennt man zusammengefasst *die* chemische Reaktionsreihe, die die Umwandlung von $CH_4 \rightarrow H_2$ ermöglicht.) Die Reformierung verbraucht Wärme, ist also *endotherm*. Die Methan-BZ produziert Strom und darüber hinaus ausreichend Wärme für die Reformierung. Dieses wird dadurch möglich, dass die Wärmeproduktion der BZ-Bruttoreaktion

$$H_2(g) + \frac{1}{2} O_2(g) \rightarrow H_2O(g) \qquad (8.1)$$

$$\Delta H_o \text{ („Reaktionswärme")} = -248{,}9 \text{ kJ/mol } H_2$$

stark wärmeerzeugend (exoterm) ist und den Wärmeverbrauch der Reformierung deutlich übersteigt. Zur Addition *dieser* zwei Reaktionen zu einer Wärmebilanz müssen diese im selben Raum (*integrierte Reformierung im Anodenraum*) oder mindestens in einem von außen wärmeisolierten System durchgeführt werden. Der aktuelle Trend geht in Richtung ***„integrierte Reformierung"***.

Drei verschiedene BZ-Systeme stehen in der aktuellen Erprobungsphase zur Beurteilung an:

(I) Die **MCFC** (molten carbonate fuel cell, oft einfach als „hot Module" bezeichnet), die u.a. in Kooperation mit der Siemens AG von Daimler Chrysler entwickelt wird. Das Entwicklungsziel ist

---

[53] Wenn wir die Frage *derzeit* beantworten müssten, kommt nur die Atomenergie (vielleicht eine neue Generation) in Frage. Die Antwort ist aber nicht dringend: bis Ende des 21. Jh.s kann eine optimale Lösung entwickelt werden.

ein dezentrales, HCP-BZ-Kraftwerk mit einer Leistung von einigen MW_e.

(II) Die **PEM**-(proton-exchange bzw. polymer electrolyte-membrane) BZ, die von verschiedenen Firmen mit unterschiedlichen Zielen entwickelt wird. Die Entwicklungsziele sind breitbandig: Sie kann

- als Mikro-BZ in dem portablen Bereich (Laptop, Mobiltelefon, Camcorder, etc.)
- in dem mobilen Bereich (Fahrzeuge, U-Boote) und
- in dem stationären Bereich (Kleinkraftwerke, HCP-Kraftwerke) eingesetzt werden.

(III) Die **SOFC** (solid-oxide fuel cell) mit O^{2-}-ionleitendenden $ZrO_2(Y)$ Elektrolyt[54] gibt es in *tubularer* oder *planerer* Ausführung. Der tubulare Typ wird von Siemens-Westinghouse und der planare Typ wird von verschiedenen Firmen aus den USA bzw. Japan für HCP-Kleinkraftwerke entwickelt.

Wie erwähnt, sind die ***BZ-Systeme*** entsprechend ihrer praktischen Anwendung aus BZ-Stapeln bzw. Modulen aufgebaut. Zu den ***komplexen BZ-Systemen*** gehören Gasreinigungs-, Reformer-, Gasmischgeräte und elektrotechnische Komponenten wie z.B. die Wechselrichter, die den Gleichstrom in Wechselstrom umwandeln. Die BZ-Systeme können je nach Leistung die Größe eines Knopfes oder aber auch die eines großen Zimmers einnehmen.

Die Grundprobleme liegen z.B. in der Struktur (z.B. Porosität), Zusammensetzung der **katalytischen** Anoden bzw. Kathodenschichten und deren Herstellung. Die katalytischen Eigenschaften müssen zw. 600-1000 °C in reduzierender bzw. oxydierender Atmosphäre min. ein Jahr lang fehlerfrei erhalten bleiben. Für die Beschichtung der Elektroden werden moderne Dünnschichttechnologien wie z.B. Plasmaverfahren eingesetzt. Die Elektrodenflächen betragen meistens 0,5 m^2!

---

[54] Yttriumdotiertes Zirkondioxid

Weitere Probleme treten bei der Herstellung gasdichter Konstruktionen des Gesamtsystems auf, da die Auswahl geeigneter Stoffe für die el. Kontakte, Isolatoren und Wärmeisolierung schwierig ist. Die Wärmeausdehnungskoeffizienten der gewählten Stoffe müssen mit großer Genauigkeit angepasst werden. Die Stoffe dürfen mit der Gasumgebung aber auch miteinander chemisch nicht reagieren.

Die größte Schwierigkeit ist die **wirtschaftliche Produktion** dieser komplizierten Technik. Die noch im Jahr 2003 bei $10 \cdot 10^3$ $/kW$_e$ liegenden System-Herstellungspreise müssen **auf ein Zehntel** gesenkt werden. Die Zellenkosten selbst sollen noch drastischer sinken, nämlich auf 100-200 $/kW$_e$! Die dazu nötige Technologie (z.B. Automatisierung) muss schon für die Kleinserieproduktion entwickelt, ausprobiert und angewendet werden. Da BZ-n sich weitgehend noch in der Entwicklung befinden, müssen noch sehr hohe Einzelstückpreise bezahlt werden. Diese Einzelstückpreise können nur durch eine Serienproduktion gesenkt werden, die aber auch nur bei großen Bestellzahlen anlaufen kann. Um andererseits aber eine große Nachfrage auszulösen, bedingt es niedrigerer, annehmbarer Preise. Oftmals kann dieser Teufelskreis nur mit großen Subventionen durchbrochen werden.

Durch eine Preissenkung, das heißt Reduzierung der Investitionskosten, werden BZ-Systeme im Leistungsbereich von 1-10 MW$_e$ *auf dem Gebiet der dezentralen HCP-Kraftwerke* wegen ihres hohen Wirkungsgrades **absolut wettbewerbsfähig. D*er Wirkungsgrad*** *von komplexen Systemen,* bei denen Endgase durch Mikroturbinen weiter verwertet werden, kann der Wirkungsgrad 80 % erreichen. ($\eta_e = 60$ % und $\eta_{tot} = \eta_e + \eta_{th} = 80$ %)

Der hohe Wirkungsgrad macht die BZ-Systeme ***umweltfreundlich***: Die Emissionsgase sind $CO_2 + H_2O(g)$. Trotz der hohen Betriebstemperaturen (600-900 °C) ist die NO_x-Emission < 5 mg/kWh. D*ie CO_2-Emission* ist wegen des hohen Wirkungsgrades relativ klein aber *nicht gänzlich vermeidbar*. Die Null-CO_2-Emission ist nur bei reinem $H_2(g)$-Brennstoff erreichbar!

8.3 Beschreibung einiger wichtiger BZ-Systeme

8.3.1 Das MCFC (molten-carbonate) BZ-System[55]

Die Abb. 8.2 zeigt das Funktionsprinzip einer Schmelzcarbonat-Brennstoffzelle mit Mischkammer und Dampfreformierung.

Abb. 8.2

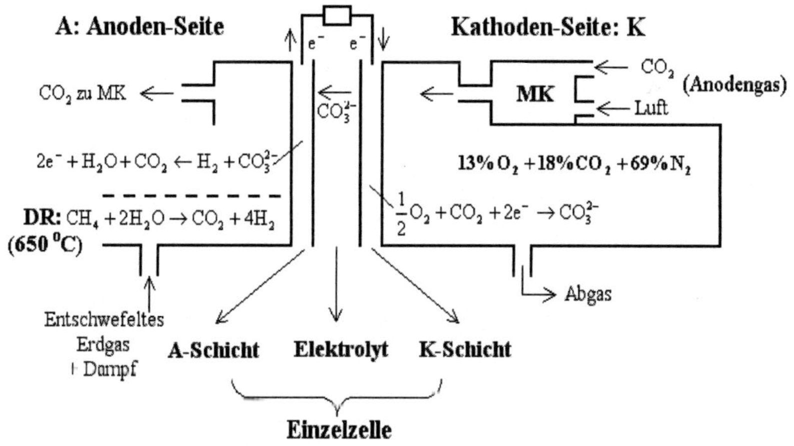

Teilreaktion (A)

$$CO_3^{2-} + H_2 \rightarrow CO_2 + H_2O + 2e^-$$

Teilreaktion (K)

$$\frac{1}{2} O_2 + CO_2 + 2e^- \rightarrow CO_3^{2-}$$

Brutto Zellreaktion

$$H_2 + CO_3^{2-} + \frac{1}{2} O_2 + CO_2 + 2e^- \rightarrow CO_3^{2-} + H_2O + CO_2 + 2e^-$$

also

$$H_2 + \frac{1}{2} O_2 \rightarrow H_2O$$

$$\Delta H° = -248{,}9 \text{ kJ/mol } H_2$$

[55] Lizenzeigentum von DaimlerChrysler (durch Kauf von MTU Friedrichshafen GmbH). Die original Lizenz stammt von Int. Fuel Cell Energy Corp. (USA). In Japan wird ein ähnliches System von Mitsubishi Heavy Ltd. entwickelt.

● Als Brennstoff kommt entschwefeltes Erdgas oder Biogas in Frage. Der Brennstoff wird mit Wasserdampf gemischt und direkt in den 650 °C heißen Anodenraum geleitet, wo das Erdgas selbst in dem Anodenraum durch ***integrierte Dampfreformierung*** [s. (8.2) und (8.3)] in $H_2(g)$ und $CO_2(g)$ umgewandelt wird:

$$CH_4(g) + H_2O(g) \rightarrow CO(g) + 3H_2(g) \tag{8.2}$$

$$\Delta H° \text{ (650 °C)} = +225 \text{ kJ/mol } (\textit{endotherm})$$

$$CO(g) + H_2O(g) \leftrightarrow CO_2(g) + H_2(g) \tag{8.3}$$

$$\Delta H° \text{ (650 °C)} = -32 \text{ kJ/mol, } (\textit{exotherm})$$

Die Reaktion (8.3) wird als shift-Reaktion bezeichnet, die den CO-Gehalt bei dieser Temperatur *fast* vollkommen in CO_2 und H_2 konvertiert. Auf den Rest-CO-Gehalt reagiert die MCFC-Zelle nicht empfindlich. Andere BZ-Typen sind sogar auf Spuren von CO empfindlich; dort müssen diese Spuren mit Katalysatoren oder sogar mit einem speziellen Reaktor eliminiert werden.

Obwohl die endotherme Dampfreformierung (8.2) und die exotherme shift-Reaktion (8.3) insgesamt Wärmeverbraucher sind, wird durch die stark exotherme Zellenreaktion die *Bruttowärmebilanz* des BZ-Systems negativ, also *wärmeproduzierend.* So kann das System neben el. Energie auch noch Wärme produzieren (HCP-System). Die Brutto-Energieproduktion wird mit einer Reihe von Sparmaßnahmen unterstützt:
a) Das für die Kathodenreaktion benötigte CO_2 wird in hohem Maße für das Gasgemisch genutzt, welches aus dem Anodenraum ausströmt und noch behandelt werden muss.

b) Das aus dem Anodenraum stammende Gasgemisch wird in einem Nachbrenner von seinem H_2- bzw. CH_4-Gehalt befreit und nachher das CO_2 für die Mischkammer des Kathodenraumes separiert. Die in dem Nachbrenner freiwerdende Wärme wird für die Verdampfung des eingespeisten Wassers verbraucht.

c) Auf diese Weise wird der zu der Dampfreformierung benötigte Dampf günstig bzw. preiswert hergestellt.

● Die Elektrolytschicht wird mit einer üblichen Dickschichttechnologie als eine sich selbsttragende Keramikschicht hergestellt, worauf die Anoden- bzw. Kathoden- Dünnschichtsysteme mit einer geeigneten Dünnschichttechnik aufgetragen werden. Die ***Elektrolytschicht*** ist aus faserartiger γ-$LiAlO_2$-Keramik mit organischen Bindern hergestellt, zu denen man als CO_3^{2-}- (Karbonat-) Ionenleiter $LiKCO_3$ beimischt. Der Binder wird nachher bei 250-300 °C ausgeheizt. Das dadurch entstandene, sich selbsttragende Schichtsystem erreicht seine endgültige Struktur dann während des ersten Arbeitszykluses des MCFC-Moduls. Bei 450 °C wird das Alkalikarbonat geschmolzen und verteilt sich gleichmäßig in der Keramikmatrix. Die optimale ***Dicke*** der Elektrolytschicht beträgt etwa 0,25 mm. ***Bei einer Betriebstemperatur von*** 650 °C wird das Alkalikarbonat durch die beim Kathodenprozess entstandenen CO_3^{2-}-Ionen, die im Elektrolyt verteilt sind, ionenleitend. Diese wandern zur porösen Anodenschicht und reagieren mit dem dort zur Verfügung stehenden Wasserstoff.

● Die ***Anodenschicht*** ist eine gesinterte, poröse Ni-Cr-Al-Legierung, wobei der **Ni-Komponente** unbedingt in metallischem Zustand erhalten bleiben muss. Um das zu erreichen, muss in dem Anodenraum eine reduzierende Atmosphäre aufrechterhalten bleiben, also der Brennstoff darf in dem Anodenraum nicht vollkommen verbrennen. Die übrig bleibende Brennstoffkomponente wird, wie erwähnt, in dem Nachbrenner verbrannt. Die **Al-Komponente** verhindert die Reaktion zwischen Cr und Li. Die Anodenschicht ist etwa 1 mm **dick** und hat durch ihre Porosität eine innere Oberfläche von 1 m^2/g. Die beschriebene Technologie ist allerdings noch zu teuer; deshalb entwickelt die Wissenschaft alternative Lösungen.

● Die ***Kathodenschicht*** ist derzeit üblicherweise ein Nickeloxid (NiO). Damit dieses NiO sich nicht in dem Alkalikarbonat der Elektrolytschicht auflöst, wird ein Additiv ($LiKCO_3$) beigemischt.

Die ***Dicke*** der Kathodenschicht ist etwa auch 1 mm; die Porosität ergibt eine innere Oberfläche von 0,5 m^2/g.

- Das komplette System zeigt die Abb. 8.3.

Abb. 8.3

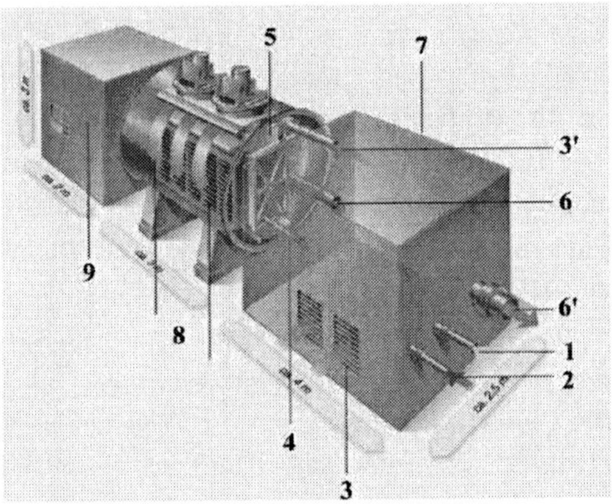

Aufbau eines kompletten MCFC-Gerätes
*(1) Einleitung des Brennstoffes (entschwefeltes Erdgas bzw. Biogas); (2) Einspeisung von Wasser für die Dampfproduktion; (3) und (3') Luftzufuhr; (4) Brennstoff- + Wasserdampfzufuhr in den (8) „hot modul"; (5) **MK**: Mischkammer (Luft + CO_2 aus dem A-Raum); (6) und (6') Gasausfuhr des A-Raums; (7) Gas-, Luft-, Aus- bzw. Einleitung, Gasreinigungssysteme; (8) MC-Zellstapel („hot modul"); (9) Regulierungsystem, Wandler (DaimlerChrysler AG)*

Die Einzelzellen liefern unter Betriebsbedingungen 0,8 V/Zelle bei einer Stromdichte von 0,2 A/cm^2. Eine 240 kW$_e$-Einheit beinhaltet 300 in Reihe geschaltete Einzelzellen (s. Kap. 8.2).

Versuchssysteme arbeiten z.B. an der Universität Bielefeld (100 kW$_e$), in Bad Neustadt (100 kW$_e$) und in Dorsten (durch die Ruhrgas AG finanziert).

8.3.2 PEM-Brennstoffzellensysteme für den Haushalt

Das PEM-BZ-System hat ein breites Anwendungsspektrum. Deshalb beschränken wir uns hier auf das von Vaillant-Plug entwickelte BZ-Haushaltgerät (BZH). Das Gerät kann neben 4,6 kW$_e$ elektrische noch 7 kW$_{th}$ thermische Leistung abgeben. Die *Zentraleinheit* wird in Abb. 8.4

dargestellt. *Diese* wird, wenn nötig, durch eine Gasheizung und ein Warmwasserreservoir ergänzt.

Abb. 8.4

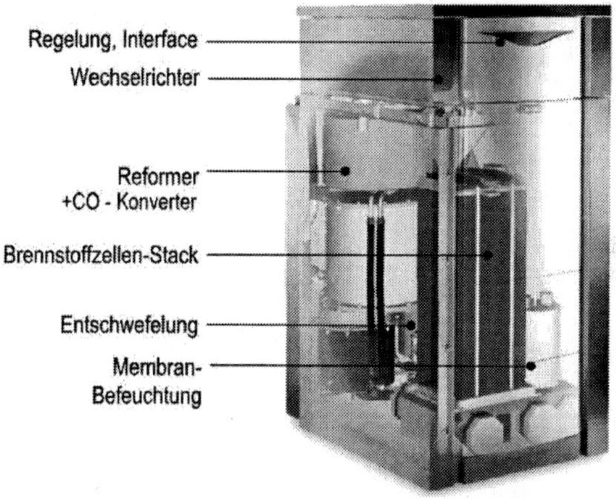

Zentraleinheit des Testgeräts BZH von Vaillant-Plug (150 x 70 x 70c m)

Als Brennstoff wird Erdgas vom Netz benutzt, das zunächst in der Zentraleinheit entschwefelt wird.

a) Der H_2S- (Schwefelwasserstoff-) Gehalt wird in einer Zinkoxidkapsel entfernt:

$$ZnO + H_2S \xrightarrow{400\ °C} ZnS + H_2O$$

b) die Odorierungsstoffe (Merkaptane) werden vor der ZnO-Kapsel durch einen Co/Mo-Katalysator in H_2S verwandelt.

Das so gereinigte Erdgas wird durch eine sehr moderne ***authotherme Reformierung*** in H_2- reiches Brennstoffgas konvertiert und danach in den A-Raum geleitet.

Die Authothermreformierung ist eine Kombination von Dampfreformierung und einer partiellen Oxidation des Methans. Die partielle Oxidation ist stark exotherm. Eine optimale Kombination der endotermen Dampfreformierung und der exothermen partiellen Oxidation braucht keine Wärmezufuhr, um die Reformierung bei 650 °C zu leisten.

Die PEM-Zelle ist stark CO-empfindlich; deswegen (s. Abb. 8.4) wird nach der Reformierung ein CO-(shift-)Konverter (s. Kap. 9.2.1) eingebaut, der den Reaktionslauf (8.3) fördert. So wird der CO-Gehalt des in den Anodenraum geleiteten Brennstoffes unter 20 ppm (< 20 ppm) gehalten.

Um die Energieeffizienz zu erhöhen, wird der zur Reformierung benötigte Wasserdampf aus dem Kathodenraum genommen (s. Luft + $H_2O(g)$ Auslass Abb. 8.5).

- Das Funktionsprinzip der PEM-Zelle zeigt Abb. 8.5.

Abb. 8.5

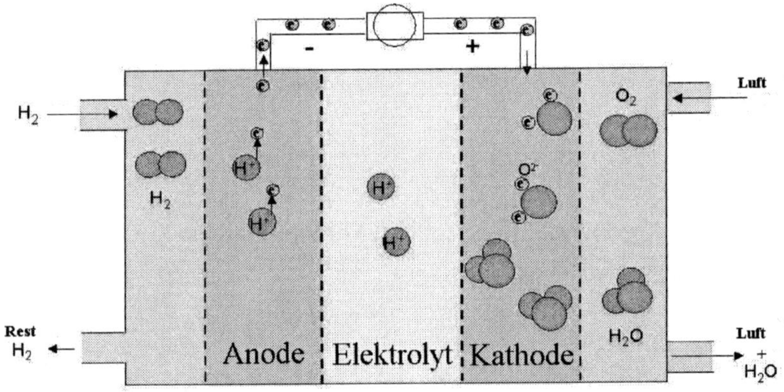

A-Teilreaktion:

$2H_2 \rightarrow 4H^+ + 4e^-$

K-Teilreaktion:

$O_2 + 4e^- \rightarrow 2O^{2-}$

$4H^+ + 2O^{2-} \rightarrow 2H_2O$

Brutto Zellreaktion:

$2H_2 + O_2 \rightarrow 2H_2O$

$\Delta H° = -248,9\ kJ/H_2$

(exoterm)

Funktionsprinzip der PEM-Zelle

• Die ***Elektrolytschicht*** ist eine Polymer-Membran (sulfonierter PTFE/ Polytetrafluoräthylen), deren Seitenketten in gut befeuchtetem Zustand für exzellente Protonenleitung (H^+) sorgen. Diese Elektrolytmembran ist etwa 100 µm dick.

• ***Die Anodenschicht*** ist ein poröser Katalysator, der in die Elektrolytmembran warm eingewalzt wird. Der Katalysator besteht aus Mikrokörnern (50-50 w% Pt-Ru) um die 2 nm Größe, die mit Kolloidverfahren auf 10 nm Kohlenstoffkörner aufgebracht werden.

In der Anodenschicht werden die H_2-Moleküle erst in atomaren Wasserstoff aufgespaltet (dissoziiert) und die H-Atome anschließend unter Abgabe eines Elektrons (e^-) ionisiert. Die H^+-Ionen (Protonen) wandern durch die Elektrolytschicht zur Kathode.

• Auf die ***Kathodenschicht*** (auch ein Ni-Kat auf der Membran) strömt Luftsauerstoff (O_2), der in der Schicht O^{2-}-Ionen bildet und direkt mit den (von der Anodenseite durch den Elektrolyt) ankommenden Protonen reagiert und auf diese Weise $H_2O(g)$ bildet.

Da keine der E-, A-, K- Schichten selbsttragend ist, muss die ganze Zelle in situ aufgebaut werden. Die einzelnen Zellen werden durch Ti/Stahl- Folien getrennt. In den Folien sind Kühlungs- und Luftkanäle eingebaut.

• Die ***Betriebstemperatur*** der PEM-Systeme liegt zwischen 80-90 °C. Also haben die Abgase ähnliche Temperaturen. Der Ablufttransport ist durch herkömmliche Schornsteine ohne weiteres möglich.

• Die PEM-BZ liefert unter Betriebsbedingungen 0,5-0,6 V/Zelle und eine Stromdichte von 0,2 A/cm^2. Die Membranoberfläche je Zelle beträgt etwa 100 cm^2.

• In einem System sind z.B. 400 Zellen in Reihe geschaltet, d.h.

$$0{,}6\ \mathrm{V} \cdot 400 = 240\ \mathrm{V} \qquad \text{und} \qquad 0{,}2\ \mathrm{A/cm^2} \cdot 100\ \mathrm{cm^2} = 20\ \mathrm{A}$$

also

$$20\ \mathrm{A} \cdot 240\ \mathrm{V} = 4{,}8\ \mathrm{kW_{e.}}.$$

Dies entspricht den in den derzeitigen Prospekten angegebenen ***el. Leistungen***.

• Neben dieser elektrischen Leistung liefert das System auch noch 7 kW$_{th}$ ***thermische Leistung***, die aus der in Überschuss von den Zellenreaktionen produzierten Wärme stammt. Dieser Überschuss wird durch eine sorgfältige äußere Systemisolierung ermöglicht, wobei alle inneren Wärmequellen bzw. Senken an den gleichen Wärmeaustauscher angebunden sind. Eine äußere Wärmezufuhr benötigt das System lediglich beim Start des Betriebes. Diese Aufheizphase dauert etwa 15 Minuten.

• Das Vaillant-Plug Geät **spart** gegenüber einer herkömmlichen Gasheizung etwa 50 % Primärenergie.

Dieses Gerät ist umweltfreundlich, da die CO- bzw. NO_x- ***Emission*** fast Null ist. Für eine NO_x-Bildung ist die Betriebstemperatur ohnehin zu niedrig. Die CO_2-Emission ist unter Berücksichtigung der 50 %-igen Primärenergie-Einsparung kleiner als bei üblichen Heizgeräten.

Der Betrieb ist ***geräuscharm***.

• Nach unserer Beurteilung geht dieser Gerättyp als erstes BZ-System für kombinierte Strom- und Heizversorgung von Haushalten in Serienproduktion bzw. in den Vertrieb.

8.3.3 Das tubulare[56] SOFC-HCP-Kleinkraftwerk (Siemens-Westinghouse)

● Das Funktionsprinzip einer SOFC-Einzelzelle ist in Abb. 8.6 dargestellt.

Abb. 8.6

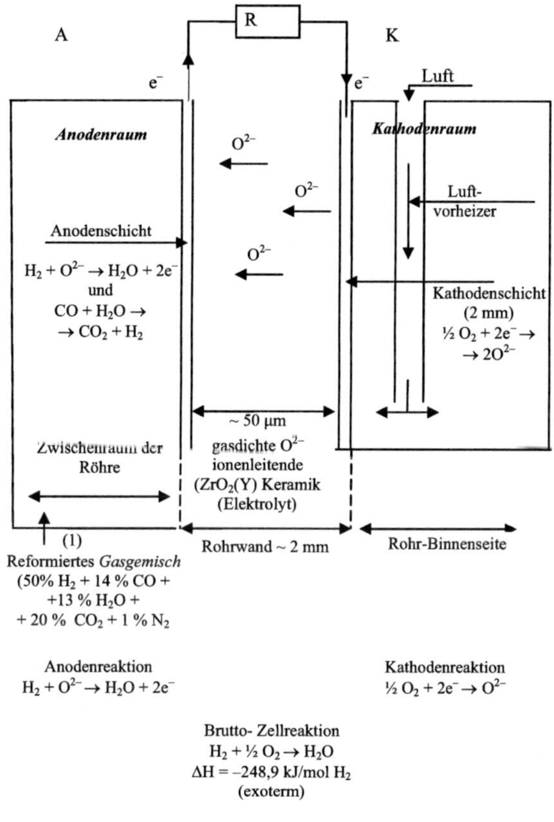

Funktionsweise einer SOFC-Einzelzelle

---

[56] „tubular" ist ein Hinweis, dass die Einzelzellen auf Zirkoniumdioxyd / Yttrium-Keramikröhren (Elektrolyt) aufgebaut werden; auf die Rohrinnenseite wird die Kathodenschicht, auf die Außenseite die Anodenschicht aufgebracht. Die drei Schichten bilden gemeinsam eine sich selbst tragende Struktur.

• Das entschwefelte, methanangereicherte (> 96 v% CH_4) Erdgas wird in einem ***Vorreformer*** mit den in den Zellen nur bis zu 60 % verbrannten Zellgasen (44 v% H_2O + 21 v% H_2 + 34 v% CO_2 + 1 v% N_2) bei 820 °C zugemischt und partiell dampfreformiert. Nach dem Vorreformer erhält man eine Gasmischung, die typischerweise eine Zusammensetzung von 18 v% CH_4 + 17 v% H_2 + 37 v% H_2O + 27 v% CO_2 (+ N_2)besitzt.

• Diese vorreformierte Gasmischung gelangt anschließend in die ***Hauptreformer-Rohrreaktoren***, wo die *Dampfreformierung* durch die Hauptreaktion

$$CH_4(g) + H_2O(g) \rightarrow CO(g) + 3H_2(g)$$

$$\Delta H° = +227{,}49 \text{ kJ/mol } CH_4$$

(exotherm)

das ganze Methan in Kohlenmonoxid *und* Wasserstoff konvertiert; die typische Gaszusammensetzung nach dem Hauptreformer kann man wie folgt beschreiben:

- 50 v% H_2 + 14 v% CO + 15 v% H_2O + 20 v% CO_2 (+ N_2)

Diese Gasmischung wird bei einer Temperatur von 700-800 °C direkt in den ***Anodenraum*** geleitet [s. Abb. 8.6 (1)]. In dem Anodenraum (der Zwischenraum der Röhre, s. Abb. 8.6 bzw. 8.8) laufen zwei Hautprozesse ab: **a)** Das eingeleitete H_2 reagiert in der Anodenschicht mit den O^{2-}-Ionen, die von der Kathodenseite durch den Elektrolyt hierher gelangen; **b)** Anderseits läuft in dieser Anodenschicht auch folgende **shift-Reaktion** ab [s. Gl. (8.3)]:

$$CO(g) + H_2O(g) \rightarrow CO_2(g) + H_2(g).$$

Nach Ablauf dieser Prozesse hat das Anodenabgas folgende Zusammensetzung:

44 v% H_2O + 21 v% H_2 + 34 v% CO_2 (+ N_2)

● In dem ***Kathodenraum*** (im Inneren der Röhren) wird nach der Einleitung und Aufwärmung der einströmenden Luft der Luftsauerstoff in der Kathodenschicht in O^{2-}-Ionen umgewandelt. In der O^{2-}-ionenleitenden $ZrO_2(Y)$-Elektrolytschicht werden sie als Gitterkomponente eingebaut und durch Diffusion zu der Anodenschicht transportiert; dort reagieren die O^{2-}-Ionen nach Elektronabgabe mit dem Wasserstoff zu Wasser:

$$H_2 + O^{2-} \rightarrow H_2O + 2e^-$$

● Die ***Elektrolytschicht*** besteht aus einem Zirkondioxid, das mit Yttrium stabilisiert ist ($ZrO_2(Y)$, Abkürzung: YSZ). Die YSZ-Schicht ist etwa 50 µm dick. Sie ist gasdicht und porenfrei. Bei 1000 °C beträgt die Ionenleitfähigkeit $\sigma = 0{,}07\ Scm^{-1}$.

• Die ***Anodenschicht*** (Brennstoffelektrode, englisch fuel electrode) hat eine Dicke von ca. 100 µm und besteht aus einer sog. Ni-YSZ-Keramik, die in ihren Poren *metallisches Nickel*[57] (Ni) enthält. An den porösen Phasengrenzen reagieren die H_2-Moleküle mit den O^{2-}-Ionen. Höchstwahrscheinlich sind diese Phasengrenzen auch das Reaktionsgebiet der shift-Reaktion. Hier reagiert das sich in der Reaktion $H_2 + O^{2-} \rightarrow H_2O + 2e^-$ bildende H_2O mit dem CO und gibt H_2 ab. Die Anodenschicht ist elektronenleitend (σ (1000 °C) = 3300 Scm^{-1}). Diese Elektronleitfähigkeit ist ausreichend, um die sich hier bildenden Elektronen zu dem negativen Kollektor zu transportieren (s. Abb. 8.8).

• Die ***Kathodenschicht,*** ein Lanthan-Strontiun-Manganat [$(LaSr)MnO_3$], nutzt den variablen (III/IV)- Valenzzustand des Mangans zur Umwandlung und so zur Minimalisierung der nötigen Aktivierungsenergie.

$$\tfrac{1}{2}\, O_2 \rightarrow O^{2-}_{(Gitter)}$$

$$\tfrac{1}{2}\, O_2 + c\text{–}\overset{III}{Mn_2}\, O_3 \rightarrow 2Mn^{IV}\, O_2$$

$$2Mn^{IV}\, O_2 + 2e^- \rightarrow \gamma\text{–}\overset{III}{Mn_2}O_3 + O^{2-}$$

---

[57] Um das Ni in metallischer Form zu halten, braucht man eine reduzierende Atmosphäre. Deshalb lässt man (s. oben) den Wasserstoff im Anodenraum nicht vollkommen verbrennen.

Die Kathodenschicht ist etwa 2 mm dick und hat eine Elektronenleitfähigkeit $\sigma = 160\ Scm^{-1}$. Die von dem Stromkreis (R) kommenden Elektronen können also in die K-Schicht eingeleitet werden.

• Die Einzelzellen der SOFC sind also ***dreischichtige Röhren***, die von außen gesehen wie folgt aufgebaut sind:

100 µm Anodenschicht + 50 µm YSZ + 2 mm Kathodenschicht

Diese zusammen bilden einzelne Röhren mit einer Dicke von ca. 2 mm und etwa 150 cm Länge.

Abb. 8.7 zeigt ein solches Rohrsystem während der Montage.

Abb. 8.7

Die Montage des Rohrsystems einer SOFC-Anlage (Mit Genehmigung von Siemens-Westinghouse)

Die beschichteten 150 cm langen Keramikröhren sind nur gemeinsam in situ mit Plasmasputterverfahren herstellbar. Wie zuvor erwähnt, ist das ZrO_2(Y)-Rohr mit einer Dicke von 50 µm nicht selbsttragend. Das erfordert riesige und teuere Anlagen und eine vollkommene Automatisierung für die Massenproduktion.

Um beim Betrieb am Ende eine Netto- Wärmeproduktion zu erzielen, — bei einer 150 kW_e Einheit fallen 240 kW_{th} thermische Leistung an — müssen die drei Systemteile Rohrsystem, Hauptreformer und Reaktorröhre eine thermisch isolierte Einheit bilden. Auf diese Weise können die endotermen und exotermen Teilprozesse unter Berücksichtigung der Vorzeichen verlustfrei addiert werden.

Die Abb. 8.8 zeigt die Zellenkonstruktion mit den elektrischen Kollektoren.

Abb. 8.8

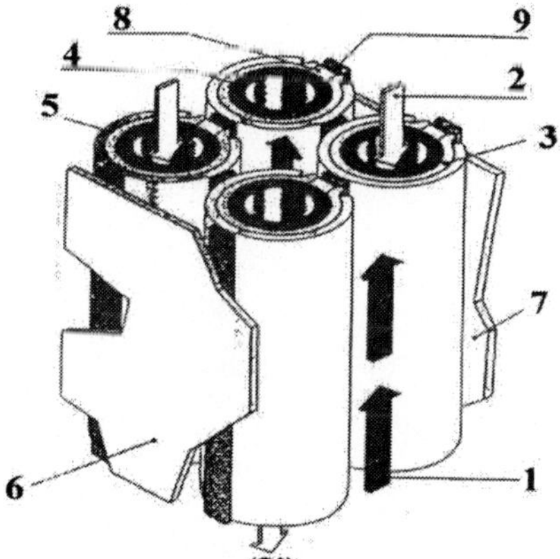

Die SOFC-Zellenkonstruktion mit den elektrischen Kollektoren (Mit Genehmigung von Siemens-Westinghouse)
(1) Brennstoffzufuhr und Strömungsrichtung; (2) und (2') Lufteinleitung mit Strömungsrichtung; (3) Elektrolyt; (4) Luftelektrode (Kathode); (5) Brennstoffelektrode (Anode); (6) Negativer Stromkollektor; (7) Positiver Stromkollektor; (8) Stromleiter eines Rohres; (9) Ni-Filz-Isolierung

Man sieht, dass die Luft im Rohrinneren der Brennstoffzelle in Kontakt mit der Anodenschicht der Röhre in den Zwischenraum strömt.

In Abb. 8.8 sind die Hauptreformer-Reaktorröhren nicht sichtbar. Ihre leeren Plätze sieht man in Abb. 8.7 sehr gut.

Bemerkung: Es ist höchstwahrscheinlich, dass Siemens-Westinghouse als Endlösung den ganzen (Vor- und Haupt-) Reformierungsprozess in den Anodenraum integriert und mit einer autothermen Reformierung (s. Kap. 8.3.2) die äußere Wärmeeinfuhr auf ein Minimum reduziert.

- ***Elektrische Leistung.*** Unter Berücksichtigung der Spezifikationen eines 150 kW_e -Systems mit einer Zellspannung von 0,646 V, einer Stromdichte von 0,235 A/cm^2 und einer aktiven Zellenfläche von 834 cm^2 beträgt die Leistung pro Zelle:

$$0{,}646\ [V] \cdot 0{,}235\ [A/cm^2] \cdot 834\ [cm^2] = 126\ W_e$$

Die Leistung von 150 kW_e wird mit 1152 Rohrzellen erreicht:

$$1152 \cdot 126 W_e = 145\ kW_e\ (dc)$$

Selbstverständlich können die Rohrzellen nach Wunsch oder Zielsetzung in beliebiger Vernetzung (in Reihe bzw. parallel) geschaltet werden.

Der 145 kW_e entsprechende elektrochemisch gewonnene Gleichstrom wird mit Wechselrichtern in Wechselstrom umgewandelt und auf zweckmäßige Spannungen transformiert.

Die Abgase mit einer Temperatur von ca. 800 °C sind geeignet, *Mikrogasturbinen* zu betreiben. Das so ergänzte System nennt man komplexes oder ***Hybridsystem***. Eine solche Ergänzung erhöht den el. Wirkungsgrad (η_e) von 50 auf 60 % und den Brennstoff-Nutzungsgrad auf 73 % (So verbraucht ein 150 kW_e -Gerät 30 m^3 Erdgas / h).

- Das System ist umweltfreundlich, weil als Folge des hohen Wirkungsgrades die CO_2-Emission [in CO_2/kWh] um ca. 30 % kleiner wird. Die Abgase enthalten kein SO_2 (Entschwefelung!); die NO_x-

Emission ist wegen der durchschnittlichen Temperatur von 700 °C an der Kathodenseite akzeptabel klein (nur 5 g/MWh).

- Das erste SOFC-Kleinkraftwerk (100 KW_e) arbeitet seit 1997 in Westervoort (Holland) und hat 62000 Betriebsstunden geleistet.

Seit Januar 2000 arbeitet in Pittsburg (USA, Standort von Westinghouse) ein 217 kW_e Hybrid-Testgerät mit einer 50 KW_e Mikrogasturbine.

Seit 2002 läuft ein 320 kW_e Hybrid-SOFC-Gerät parallel zu einer DaimlerChrysler MCFC-Anlage auf dem Testgelände „Meteorit" des RWE-Konzerns.

Für die oben genannten Systeme liegen den Autoren keine Informationen über den Austausch von Systemelementen bzw. über die wirklichen Betriebsstunden vor (mit Ausnahme von Westervoort).

Für die Energieversorgung von Bohrinseln im Meer hat man eine derartige Anwendung im Visir.

Siemens-Westinghouse entwickeln derzeit ein bis zwei Neugeräte. Hierbei setzen sie ihr ganzes Entwicklungspotential zur Senkung der Herstellungskosten HK ein. Damit die BZ-Kraftwerke z.B. mit den Gasmotoren wettbewerbsfähig werden können, muss: **a)** der Anlagenpreis unter 1000 \$/kW_e fallen, der Zellenblock sogar unter 200 \$/kW_e. Dieses Preisniveau ist aber nur zu erwarten, wenn die Produktion von Anlagen 50 MW_e/Jahr übersteigt. **b)** die Systemgröße auf 1-5 MW_e erhöht werden.

In diesem Wettbewerb ist das MCFC-System von DaimlerChrysler dem angestrebten Ziel am nähesten; jedoch kämpft auch diese Firma mit ähnlichen Schwierigkeiten bei der Vorgabe einer Preissenkung wie auch Siemens-Westinghouse.

9. WASSERSTOFFTECHNOLOGIE (WT), WASSERSTOFFWIRTSCHAFT

9.1 Begriff bzw. Definition

Die Begriffe Wasserstofftechnologie bzw. Wasserstoffwirtschaft sind gleichbedeutend mit der Nutzung bzw. Anwendung von Wasserstoff $H_2(g)$ als Brennstoff. Der Wasserstoff kommt in der Natur als chemisches Element $H_2(g)$ oder besser gesagt, in großen Mengen konzentriert als Energieträger kaum vor. Eine Wasserstoffwirtschaft kann nur durch den Aufbau einer komplexen Infrastruktur, bestehend aus Erzeugung, Transport, Speicherung, Vertrieb und energetischer Nutzung entstehen. Die ***Herstellung*** von $H_2(g)$ in BZ-n geschieht in integrierten **bzw.** unabhängigen, selbständigen Reformierungssystemen[58] oder durch Wasserelektrolyse. Sofern die Nutzung nicht in situ erfolgt, ist die ***Speicherung*** bzw. der ***Transport*** des Wasserstoffes auch Teil der Wasserstofftechnologie (WT).

● Es ist zu erwarten, dass in den nächsten fünfzig Jahren die WT durch die Nutzung von Brennstoffzellen mit Methan als Brennstoff realisiert wird, wobei der $H_2(g)$ in integrierten Reformern in situ gewonnen wird (bei Kleinkraftwerken) oder in Patronenspeicher zur Verfügung gestellt wird, so z.B. bei der Energieversorgung durch Mini-BZ-n für Kleinverbraucher, Mobiltelefone, Laptops etc.

Für diesen Zeitraum steht vorzugsweise Erdgas als Energieträger für die WT zur Verfügung, weil hierzu die Infrastruktur (Transport, Speicherung, Logistik, etc.) bereits existiert. Allerdings muss sich in einem Wettbewerb, die durch BZ-n realisierte WT gegen Gasmotoren bzw. Kleingasturbinen erst durchsetzen. Die Kriterien in diesem Wettbewerb sind die Wirtschaftlichkeit (Investitionen, Betriebskosten) sowie der Betriebswirkungsgrad (η), der auch den Grad der Umweltfreundlichkeit

---

[58] Wobei $H_2(g)$ aus Erdgas (Methan) in situ hergestellt wird.

bestimmt. BZ-n emittieren auch CO_2 als Reaktionsprodukt oder als Luftkomponente (s. Kap. 8.3.1 und Kap. 8.3.2).

Neben einer direkten Energieversorgung hat die WT auch einen anderen sehr wichtigen Aspekt: **In Zukunft ist die Wasserstoffherstellung als Speicher für alle erneuerbaren Energieformen von großer Bedeutung.** Ein Nachteil der erneuerbaren Energien besteht nämlich darin, dass sie zurzeit nicht kontinuierlich oder bedarfsgerecht zur Verfügung stehen. Es wäre daher wünschenswert und weitaus günstiger, die durch die erneuerbaren Energien produzierte el. Energie zunächst zu speichern und dann nach Bedarf auf Abruf für die Energieversorgung zu nutzen. So ist es möglich, im Falle eines Überschusses von regenerativen Energien diese für eine H_2-Produktion zu verwenden, um das gespeicherte H_2 (s. unten) dann später optimal und bedarfsgerecht nutzen zu können.

- *Reines $H_2(g)$ produzieren und* in BZ-n (möglicherweise direkt in speziellen Wasserstoffmotoren) zu *verbrennen*, **scheint** auf den ersten Blick eine ideale Lösung zu sein. R*eines Wasser* ($H_2O(g)$) wäre die einzige Emission, wie auf dem bekannten Werbeplakat von DaimlerChrysler dargestellt, wo ein Vogel fröhlich seinen Durst aus einem Auspuff stillt. Alle schädlichen Gase sind somit ausgeschlossen. *Wir schreiben bewusst „scheint", da eine technisch-wirtschaftliche Realisierung des reinen Wasserstoffs von den H*erstellungskosten, Speichermöglichkeiten (für mobile Anwendung) bzw. Transport[59] (für stationäre Kraftwerke) abhängen.

Die WT auf reiner H_2-Basis ist nur dann eine sinnvolle Lösung, wenn in einer Notfallsituation die Erdgasreserven nicht ausreichen oder zu teuer würden und wenn leistungsgebundene elektrische Energie, z.B. bei Kraftfahrzeugen, keine geeignete Lösung bietet.

Hieraus schließen wir, dass die WT derzeit noch ein Traum ist, der jedoch für uns eine Hoffnung darstellt.

---

[59] Man muss in diesem Fall abwägen, ob es nicht wirtschaftlicher ist, den Strom oder den Wasserstoff, der für die Herstellung des Stroms benötigt wird, zu transportieren.

9.2 Industrielle Möglichkeiten zur Herstellung, Speicherung und zum Transport von Wasserstoff

9.2.1 Industrielle Produktion

Für die industrielle Produktion gibt es drei Möglichkeiten:

• *Erdgas- auch Kohle-Dampfreformierung* wie in China, Indien und sogar in den USA

• *Wasserelektrolyse* (oft als Wasserstoff-Generatoren bezeichnet)

• *Thermochemische Prozesse bei einer Temperatur von 700-1000 °C, die sich derzeit noch in der Forschungsphase befinden.*

● *H_2-Produktion aus Erdgas in Reformer-Anlagen*

Mit diesen Prozessen haben wir uns in Kapitel 8. beschäftigt. Für die H_2-Produktion kommt derzeit bevorzugt die Dampfreformierung in Frage.

In Kapitel 8. waren diese Prozesse mit BZ-n verbunden; man kann auch Dampfreformer direkt für die H_2-Produktion einsetzen. Vor der Reformierung wird das Erdgas entschwefelt, so bekommt man nach dem Reformer eine Gasmischung mit einer typischen Zusammensetzung:

$$52\ v\%\ H_2(g) + 13\ v\%\ H_2O(g) + 20v\ \%\ CO_2(g) + 14\ v\%\ CO(g) + N_2,$$

die dann zweckmäßigerweise einen Reinigungsprozess durchläuft. Unvermeidlich ist die Entfernung des Kohlenmonoxids (CO); das kann in einem zugeschalteten *CO-Konverterreaktor* geschehen. Hier wird das Gas bei 200-250 °C durch ein Kupferoxid / Zinkoxid - Katalysatorbett geführt, wobei die CO-Konzentration auf < 0,3 v% sinkt. Es ist außerdem möglich, den CO-Gehalt weiter zu senken und andere Spurengase auszufiltern. Jedoch würde die Beschreibung der geeigneten Methoden den Rahmen unseres Buches sprengen.

Wenn man die *Dampfreformierung mit einer partiellen Oxidation kombiniert*, kann man den Energie- (Wärme-) Bedarf der Reformierung minimalisieren.

● *H_2-Produktion durch Wasser-Elektrolyse*

Das Prinzip ist bekannt: Wenn man durch einen mit Wasser (genauer mit wässerige KOH-Lösung) gefüllten **Elektrolyseur** Strom leitet, zersetzten sich die H_2O-Moleküle. An der Kathode (negativer Pol) bildet sich H_2- und an der Anode O_2-Moleküle die getrennt aufgefangen werden können.

In der Raumfahrttechnik werden **PEM**-Wasserstoffgeneratoren eingesetzt. Beim Stromdurchgang entsteht in der PEM-Zelle aus dem für die Bewässerung der Membran erforderlichen Wasserfilm durch Elektrolyse H_2 und O_2.

Das Grundproblem ist die **Wirtschaftlichkeit**, die von dem Wirkungsgrad der Elektrolyse und von der Höhe der Investitionskosten abhängt. *Der Wirkungsgrad* liegt — abhängig von der Technik und Technologie — zwischen 50-80 %, typischerweise bei 65 %. Für $\eta = 65$ % liegt der Energiebedarf bei 4,5 kWh/Nm^3 H_2. Ausgehend von 4 Cent/kWh kostet die Produktion von 249 g H_2 — äquivalent dem Heizwert von einem Liter Benzin — 0,5 $. Derzeit kostet in der USA 1 Liter Benzin 0,44 Cent. Das Energieministerium der USA (DoE) rechnet im Jahre 2010 für die Gewinnung von Wasserstoff mittels Elektrolyse mit Investitionskosten in Höhe von 300 $/kW.

Aus heutiger Sicht ist also eine wirtschaftliche Herstellung des Wasserstoffs noch lange nicht absehbar.

● Die Idee einer Hochtemperaturgewinnung von Wasserstoff ist in Oak Ridge National Laboratory (USA) und bei der IEA (Frankreich) entstanden. Hier verwendet man Atomreaktoren[60] als Wärmequellen. Die Nettoreaktion ist einfach:

$$H_2O \xrightarrow{Q} H_2 + \tfrac{1}{2}O_2 \qquad (x)$$

[60] Spezielle Reaktoren, bei denen der chemische Reaktionsraum sorgfältig von dem Kernreaktoranteil getrennt ist.

Der Konversionsgrad ist größer als 50 %. Reaktoren, die neben H_2 auch el. Energie produzieren, erreichen einen Wert von 60 %.

Die Stufen der Reaktionsgleichung (x) von Seite 153 können unterschiedlich ablaufen. In Oak Ridge z.B.

$$I_2 + SO_2 + 2H_2O \rightarrow 2HI + H_2SO_4$$

$$2HI \rightarrow H_2 + I_2$$

9.2.2 Speichermöglichkeiten des Wasserstoffs

Wenn man H_2 nicht in situ in einer BZ herstellt, dieser Fall wird in Kapitel 8 diskutiert, muss man den Wasserstoff geeignet speichern oder durch ein Leitungssystem zum Verwendungsort transportieren.

Für eine Wasserstoffspeicherung kommen drei Möglichkeiten in Frage:

• *Im flüssigem Zustand* [$H_2(\ell)$] besitzt er eine Temperatur unter minus 253 °C. Die Dichte ρ von $H_2(\ell)$ beträgt 0,07 g/cm^3 [kg/Lit.]. Der Heizwert (s. Anlage 2) liegt bei 120 MJ/kg — das Heizwert-Äquivalent von 50 Litern Benzin entspricht demnach 12,43 kg $H_2(\ell)$. Zur Aufbewahrung dieser Menge flüssigen Wasserstoffes benötigt man einen Kryobehälter von 178 Litern.

• Im *Gaszustand* benötigt dieselbe Menge Wasserstoff bei einem Druck von 200 bar eine Gasflasche mit einem Speichervolumen von 840 Liter.

• Wasserstoff kann auch in Form von atomarer Lösung in *Metallhydriden* d.h. in speziellen (Laves-) Legierungen gespeichert werden. Die modernen Metallhydride können 2,4-3 w% Wasserstoff aufnehmen und wieder abgeben. Die Dichte der Metallhydride ist $\approx$ 2,8 g/cm^3, ihre Speicherdichte liegt also bei 0,076 kg H_2/Lit. — dies entspricht ungefähr der Dichte im flüssigen Zustand: Demnach können Heizwert-äquivalente von 50 Liter Benzin in einem etwa 180 Liter Metallhydridvolumen gespeichert werden.

Bemerkung 1. Für den Einsatz von Wasserstoffbrennstoffzellensystemen in Fahrzeugen ist der doppelten Wirkungsgrad der BZ gegenüber Ottomotoren zu berücksichtigen. Das heißt, in diesem Fall können ca. 6 kg H_2 50 Lit. (35 kg) Benzin ersetzen.

Bemerkung 2. Für den elektrischen Betrieb mit Hilfe von Batterien benötigt man statt 50 Liter Benzin ein Akku-Volumen von 3400 Liter.

Bemerkung 3. **Methanol**, CH_3OH (s. Anlage 2) kommt derzeit als Zusatz, später vielleicht auch direkt als Treibstoff, ernsthaft in Frage. 50 Liter Benzin werden durch 97 Liter Methanol ersetzt. Es gibt BZ-n für den Methanolbetrieb. CH_3OH steht sowohl chemisch synthetisiert aber auch als Biomethanol zu Verfügung. Ein wichtiger Aspekt dabei ist, dass von CO_2+H_2O durch eine elektrokatalytische Reduktion eine direkte Methanolsynthese möglich ist [G.A. Olah, G.K. Siprakasi, US Patent Application, May 7, 1977]. Das ermöglicht die Nutzung von CH_3OH — ähnlich wie H_2 — *als Energiespeicher*.

9.3 Wasserstoff als Energieträger

● **Wasserstoff als Treibstoff**. *Zusammenfassend:* Wasserstoff ist einerseits als Treibstoff energetisch günstig, in Metallhydriden mit wenig Risiko speicherbar und mit Hilfe von BZ-n auch in H_2-Motoren einsetzbar. *Anderseits* ist die Wirtschaftlichkeit für die absehbare Zukunft bislang noch fraglich. Mann muss berücksichtigen, dass die BZ-n nur für einen kontinuierlichen Betrieb geeignet sind, jedoch ist der Fahrzeugbetrieb aber eben kein typischer (kontinuierlicher) Dauerbetrieb.

Die Fahrzeuge mit Brennstoffzellenbetrieb sind zurzeit noch Prestigeprojekte der großen Automobilhersteller, wie MAN, DaimlerChrysler, Toyota, General Motors usw. Als Brennstoff wird neben Wasserstoff auch Methanol eingesetzt. Der Trend ist bisher nicht eindeutig. Das zeigt, dass neben BZ-n sämtliche andere Variationen ebenso erprobt werden. Zu erwähnen ist hier nur als Beispiel das Hybridauto von Toyota, in dem der Benzinbetrieb mit einem Elektrobetrieb (Akku) kombiniert wird.

Es gibt Pläne (sogar konkrete Testwagenserien), wo H_2 in Keramik-Ottomotoren eingesetzt wird. Diese Fahrzeuge bewahren den traditionellen Charakter der derzeitigen Autos — gleichzeitig stellen sie schon heute eine zukünftige Alternative für die derzeit bereits in Serie gefertigten Propangasmotoren dar. Dieses Alternativkonzept benötigt keinen reinen Wasserstoff.

Die hier diskutierten Fakten zeigen, dass die Anwendung des Wasserstoffs als Treib- bzw. Brennstoff in mobilen und stationären Bereichen noch viele Fragen offen lässt.

● Im Gegensatz hierzu sind **Miniaturwasserstoff-Brennstoffzellen** als netzunabhängige Energiequellen für Mobiltelefone, Laptops, Kleingeräte für den portablen Bereich derzeit schon weit entwickelt. Sie bieten eine reale Alternative zu den Litium-Akkumulatoren. Die Miniatur- PEM-Brennstoffzellen mit z.B. 20 W Leistung ermöglichen derzeit einen Betrieb von 10 Stunden. Das Volumen für eine solche Energieversorgung im „kleinen“ ist allerdings noch sehr groß. Den Brennstoff dazu liefern H_2-Patronen bzw. Methanol-Kapseln.

Aus heutiger Sicht liegt die Epoche der Wasserstofftechnologie bzw. -wirtschaft in ferner Zukunft. Wir befinden uns gerade erst in dem Vorbereitungszeitraum hierfür, spüren aber merklich den Druck durch sinkende Reserven und steigende Preise, neue Konzepte der Energieversorgung zu entwickeln.

Dennoch möchten wir hier eindeutig herausstellen, dass die WT als Grundidee für eine Energieversorgung ohne schädliche Emissionen von nun an für Forschung und Entwicklung im Vordergrund stehen muss, um hierdurch mit Blick auf die Zukunft eine Grundlage für die Produktion, Speicherung, Anwendung und den Transport von Wasserstoff zu schaffen.

10. ALTERNATIVEN UND ZUKUNFT DER ENERGIEVERSORGUNG

Die Energieversorgung der Welt bzw. der einzelnen Regionen beruht jetzt und auch in der Zukunft auf einem wirtschaftlich optimierten Mix der zur Verfügung stehenden Primärenergiearten.

Derzeit *bestimmen* diesen Mix die fossilen Energieträger (Erdöl, Erdgas, Kohle), *die Wasserenergie* sowie die *nuklearen* Energieträger. Zunehmend an Bedeutung gewinnen dabei die (erneuerbaren) Biokraftstoffe und die Ausnutzung der geothermischen Energiequellen. Potentiell und technisch gesehen haben die sog. *erneuerbaren* Energien [Wind-, Solarenergie] eine große Zukunft, die aber *derzeit* nur einen geringen prozentualen Anteil in der Energieversorgung ausmachen. Wir haben dies mit konkreten Daten belegt (s. Kapitel 1, insbesondere die Abb. 1.1, Tabellen 1.2, 1.4, 1.5 und 1.6).

Die Primärenergiestruktur der Zukunft wird *unter rationellen Bedingungen* durch die rigorosen wirtschaftlichen Kriterien bestimmt, die ihrerseits durch sich verändernde Gewichtungen wie Reserven, Produktion, Verbrauch und Preislage bestimmt werden. Selbstverständlich muss man auch die jeweiligen aktuellen politischen Situationen und Strömungen berücksichtigen. Auch bestimmte Faktoren der Warenbörse wie z.B. künstliche Produktionsreduktion oder überdimensionierte Vorratshaltung / Reservenbildung führen zu nur schwer kalkulierbaren Risiken.

10.1 Versorgungsgrad und Reserven der fossilen bzw. nuklearen Primärenergiearten

Im Fokus des öffentlichen Interesses steht derzeit die zu erwartende *Verknappung der Primärenergiereserven.* Man muss allerdings mit den Daten und Angaben über die Reserven sorgfältig und vorsichtig umgehen. Fachlich unterscheidet man zwischen abbaubaren, erforschten — also potentiell zu Verfügung stehenden — geschätzten und erwarteten Reserven. Die wirtschaftlich abbaubare Reservemenge ist preisabhängig. Trotz höherer Preise sind schwer zugängliche Reserven auch abbaubar. Ebenso werden durch neue Technologien (z.B. durch unterirdische Vergasung der Kohle) weitere Bodenschätze wirtschaftlich nutzbar.

Nach bisherigen Erfahrungen haben die Reserveprognosen die tatsächlichen Reserven **allgemein** immer **unterschätzt.** Probebohrungen sind teuer und die Energieträgergebiete nicht überall genügend erschlossen.

Für ***kalkulatorische Einschätzungen der Versorgungszeiten*** unter Berücksichtigung derzeit zu erwartender Erschöpfung der Reserven eigenen sich die Tabellen im Anhang (Reserven und Produktion). Den jeweiligen ***Versorgungszeitraum*** definiert man durch die Formel:

$$\text{Versorgungszeitraum (VZR)} = \text{Reserven / Bedarf} \left[\frac{t}{t \cdot a^{-1}} \right]$$

In Kapitel 1 (Tabelle 1.2) sind VZR-Einschätzungen angegeben; diese angegebenen VZR-Werte sind die wahrscheinliche **oberste** Grenze für eine Versorgung. Das heißt, dass wir in 150 Jahren vom Erdöl, danach vom Erdgas und ohne Brüter-Reaktoren auch von den Uranreserven Abschied nehmen müssen. Die Erdkohlereserven bleiben noch viel länger erhalten, technisch gesehen vielleicht noch einige Jahrhunderte (unter Berücksichtigung aller geologischen Reserven). Die ökonomischen und ökologischen Gesichtspunkte werden dabei allerdings nicht berücksichtigt.

Als Beispiel soll hier eine Einschätzung des VZR's für Erdöl berechnet werden.

Beispielrechnung für VZR des Erdöls: Nach Tabelle Anlage 12 werden die Weltreserven von Erdöl auf $1{,}63 \cdot 10^{11}$ t geschätzt. In Anlage 11 bzw. Anlage 17/4 wird die Weltproduktion mit $4{,}067 \cdot 10^{9}$ t/Jahr angegeben.

Hiervon $VZR = \dfrac{1{,}63 \cdot 10^{11} t}{4{,}067 \cdot 10^{9} t / Jahr} \approx 40 Jahre$.

Es ist offenkundig, dass dieser *kalkulierte* Wert um ein Drittel kleiner liegt, als die geschätzten bzw. erwarteten (erhofften) Werte, die wir in Kapitel 1 Tabelle 1.2 angegeben haben. Die Ursache hierfür beruht darauf, dass wir *erstens* in der Tabelle 1.2 nicht nur mit den derzeit als „abbaubar" bezeichneten Reserven gerechnet haben und *zweitens,* dass dort auch die Umstrukturierung der Primärenergieträger Berücksichtigung findet.

Weil der Versorgungszeitraum (sowohl der kalkulierte, wie auch der erwartete) mit der Zeit immer kleiner wird, werden auch umgekehrt proportional die Preise immer höher. Diese Preiserhöhung wird auftreten und zwar mit einer nichtlinearen, am Ende der VZR sogar mit einer exponentiellen Steigerung. Man muss ihr ohne „Hysterie" entgegentreten. Ohne große Konflikte bleibt z.B. der Ölpreis mittelfristig um die 70 $/ barrel und erreicht bis 2025 langsam das 100 $ Niveau.

Im Fall von Konflikten (Nahost, Iran) muss man mit Preissprüngen rechnen, bei denen die Preisspitzenwerte über 250 $/barrel erreichen können. Die Preissteigerung und die steigende Befürchtung vor der Erschöpfung der Reserven werden in den kommenden 50 Jahren den Energiemarkt drastisch umstrukturieren. Die Regierungen werden zu Energie-sparmaßnahmen gezwungen; sie müssen *die* für ihre Region optimalisierte Energiestruktur durchsetzen, um die Export-Import-Politik auch im Interesse ihrer nationalen Sicherheit aktuell sicherzustellen.

10.2 Geographische Verteilung der traditionellen Primärenergiereserven, Export – Import

Die geographische Verteilung der Energiereserven ist sehr ungleichmäßig; und daran wird sich auch zukünftig nicht viel ändern.

- Bei ***Erdöl*** (Anlage 12) zeigt die Verteilung eine sehr kritische Situation: 65 % der Reserven befinden sich in der Nahostregion sowie dem Iran und Afghanistan. Der Rest verteilt sich auf die Erdteile bzw. Russland und die GUS-Staaten (post-sowjetische Staaten, in Mittel-Asien: Kasachstan, Usbekistan, Turkmenistan).

• Die Verteilung der **Erdgas**reserven (Anlage 14) ist ein wenig günstiger für die nicht-islamische Welt: 40 % liegt in Russland und in den oben genannten GUS-Staaten, 32 % in Nahosten.

• Die **Erdkohle**reserven (Anlage 10) sind in Russland und in den ehemaligen GUS-Staaten am größten (58 %), dann folgen Nordamerika (13 %), Asien und Australien (22 %). Nur ein geringer Anteil entfällt auf Europa (3 %).

• Die **Uran**reserven (Anlage 15) verteilen sich ziemlich gleichmäßig — nur der westeuropäische Anteil ist mit 2 % sehr gering.

All das spiegelt sich in den Export- / Import- Bilanzen wieder(s. Anlage 5). Aus den Tabellen wird klar, dass bei fast allen Energiearten Japan, Deutschland und allgemein Westeuropa die größten Importeure sind.

Beispiel Deutschland (2002)

el. Energie-Gesamtbedarf	567 TWh
Energie-Eigenproduktion davon Import Uran davon Kohle davon Import Erdgas	 170 TWh 299 TWh 53 TWh
Import elektrische Energie	45 TWh
Insgesamt	567 TWh

Bemerkung. Man muss die Lage in **China** separat und besonders gewichtet betrachten. Dieses Land ist derzeit schon nach den USA der zweitgrößte Energieverbraucher und wird bemüht (gezwungen) sein auch in den nächsten Jahrzehnten seinen Import von Öl und Erdgas mit einer überdurchschnittlichen Rate zu steigern. Als Importquelle wird Iran und Mittelasien betrachtet. Diese Staaten entfallen dann höchstwahrscheinlich für die Energieversorgung Europas mit Öl und Gas. Die Situation **Indiens** ist vergleichbar mit der von China.

10.3 Die Rolle der erneuerbaren Energiesorten in der Energieversorgung

Die Ausführungen in den Kapiteln 2-8 haben die von den Autoren in Kapitel 1 abgegebenen Prognosen bestätigt: Die Rolle der erneuerbaren Energien (ohne Wasserkraft) kann nur einen limitierten Beitrag zur zukünftigen Energieversorgung leisten. Die Solar- bzw. Windenergienutzung ist momentan typischerweise durch die finanziellen Rahmenbedingungen (hohe Investitions- u. Erzeugerkosten) begrenzt. Ein marktfähiges, akzeptables Kostenniveau ist erst in einigen Jahrzehnten zu erwarten. Die anderen erneuerbaren Energien sind kapazitätslimitiert. Ein 30 MW_e Biomassekraftwerk z.B. benötigt derzeit etwa 250000 ha Waldwirtschaft als Hintergrund. Mit gezielt angepflanzten Energiewald-Plantagen wird das etwa zehnfach günstiger. Ähnlich groß ist der spezifische Bodenbedarf für die Biotreibstoffproduktion (1 Mt benötigt etwa 1 Mha). Es zeichnet sich bereits heute schon ab, dass die zunehmende energetische Nutzung von nachwachsenden Rohstoffen im Agrarbereich zur Verknappung von Agrarprodukten (Futter- und Lebensmittel) führt. Preiserhöhungen bei bestimmten Lebens- und Futtermittel sind die Folge.

Insgesamt werden erneuerbare Energiearten, wie wir in Kapitel 1. schon gezeigt haben, einen weltweiten Durchschnitt von 30-40 %-igen Anteil an der Gesamtenergieversorgung in diesem Jh. nicht überschreiten. Nur die kleineren, reichen Länder mit großem Wasserenergiepotential bilden eine Ausnahme.

10.4 Was ist in den nächsten 50 Jahren zu erwarten?

Preiserhöhungen, Importzuwachs, Energiesparpakete

Im ersten Schritt wird jedes Land gezwungen sein, auf eine nach allen Faktoren optimale Energiestruktur (Energiemix) umzusteigen.

Die reichen Länder werden den Anteil der erneuerbaren Energien erhöhen, die begünstigten Küstenländer werden möglichst große Offshore-Windparks aufstellen. Die Agrarproduktionsstruktur wird in diesen

Ländern in Richtung Energiepflanzen verschoben, sie werden die dezentrale Wärmeenergieproduktion (Sonnenkollektoren) und die kleinen HCP-Kraftwerke (Gasmotoren, BZ-n auf Methanbasis) bevorzugen und solche Anlagen unterstützen (finanziell u. politisch). In dem mobilen Bereich wird der spezifische Treibstoffverbrauch drastisch reduziert (Kfz-Entwicklung, Geschwindigkeitsbegrenzungen). Der Gasbetrieb, BZ-n-Betrieb, der kombinierte Gas-/ Elektrobetrieb gelangt zu immer größerer Bedeutung. Bio- bzw. synthetische Treibstoffe werden wirtschaftlicher und auch die Wasserstofftechnologie (WT) setzt sich immer weiter in neueren Gebieten durch.

Die **„ärmeren" Länder** behalten die Kohlekraftwerke, preferieren den Eisenbahntransport und entwickeln den Kohleabbau (falls vorhanden) durch unterirdische Vergasung.

Allein aus der Tatsache, dass wir in unserem Buch mit der **Atomenergie** sehr zurückhaltend umgegangen sind, sollte nicht der Eindruck entstehen, dass wir einen endgültigen Ausstieg aus der Nutzung der Kernenergie eindeutig für richtig halten. Die Stromversorgung der EU beruht derzeit noch immer stark auf Atommeiler (38 % Anteil!). Die Wissenschaft weiß, dass ein endgültiger Ausstieg aus der Entwicklung von sicheren (vielleicht auch unterirdischen) Reaktorgenerationen später nicht mehr rückgängig gemacht werden kann. Hierdurch geht bei uns (z.B. in Deutschland) das entsprechende technologische Wissen verloren und wird stattdessen vielleicht an Firmen bzw. Organisationen transferiert, die unsere nationale Sicherheit gefährden könnten.

Diese Warnung sollte jede demokratische Regierung im Auge behalten, trotz aller tatsächlichen Risiken und der bekannten Nachteile[61] der Atomenergie.

---

[61] Man hat bisher keine zufrieden stellende Lösung für die Entsorgung das Atommülls. Die Atommailer sind nur in ziemlich großen Einheiten darstellbar. Ein möglicher Ausfall ist nicht leicht kompensierbar. Die Investitionskosten sind hoch (3 \$/W, also für einen 400 MW_e-Block $1{,}2 \cdot 10^9$ \$).

10.5 Fazit und Schlussfolgerung

Es herrscht weltweit allgemeiner Konsens, dass die Endlichkeit fossiler Brennstoffe sich bereits jetzt deutlich abzeichnet. Mit dem steigenden Verbrauch durch rasante wirtschaftliche Entwicklungen, insbesondere in den Schwellenländern, verschärfen sich die Probleme der Verfügbarkeit und der Umweltbelastungen. Schwellenländer mit deutlichem Wirtschaftswachstum wie z. B. China und Indien greifen zunächst noch verstärkt auf die vorhandenen fossilen Energieträger zurück. Dadurch steigen die Preise und die Verknappung wird beschleunigt. Die Lagerstätten für fossile Brennstoffe sind auf wenige Regionen der Welt konzentriert. Dieses alles birgt ein hohes Konfliktpotential.

Die so genannten Erneuerbaren Energien können — bis auf regional begrenzte Ausnahmen — zurzeit noch nicht wesentlich zur Deckung des weltweiten Energiebedarfs beitragen. Die derzeit hohen Investitionskosten, die zum Teil nur stochastische Verfügbarkeit erneuerbarer Energien und die zum heutigen Zeitpunkt noch relativ geringe Erschließbarkeit (gemessen an dem theoretisch verfügbaren Potential) sind wesentliche Gründe dafür. Die Technologien für eine ökonomisch sinnvolle Nutzung regenerativer Energien müssen deshalb weiter vorangetrieben werden.

Energieeinsparungen, rationelle Energienutzung und die Erschließung regenerativer Energien reichen nicht aus, um die für die nächsten Jahrzehnte absehbaren Energieprobleme zu lösen. Auf die nukleare Energieerzeugung wird man in absehbarer Zeit in vielen Regionen der Welt kaum verzichten können. Deshalb müssen zusätzlichen Maßnahmen wie z.B. die Entwicklung effektiver Energiewandlungssysteme, sowie die intelligente Einbindung stochastischer regenerativer Energieträger durch Energiemanagementsysteme in Verbindung mit Erzeugungs- und Verbrauchsprognosesysteme ergriffen werden. Darüber hinaus sollten aber auch sichere Kerntechnologien (Fusionsreaktoren) erforscht und entwickelt werden, gepaart mit der Hoffnung, auch so eine ökonomisch sinnvolle Gewinnung von Wasserstoff zu ermöglichen.

Wasserstoff als Energieträger ist umweltfreundlich und sowohl für den mobilen als auch den stationären Einsatz geeignet. Die Probleme bei der Einführung einer Wasserstoffwirtschaft liegen auf den Gebieten der preiswerten und ökologisch sinnvollen Erzeugung, des Transportes und der effektiven energetischen Nutzung.

Die zukünftige Gestaltung der Energienutzung stellt eine kaum vorstellbare ökonomische, ökologische und technologische Herausforderung für die Menschheit dar. Sie wird die wirtschaftlichen, politischen und gesellschaftlichen Strukturen der Welt maßgeblich beeinflussen.

ANLAGEN

A.1 Maßeinheiten, Umrechnungsfaktoren

Prefixe:

kilo	k	$10^3 \cdot$
mega	M	$10^6 \cdot$ (Million)
giga	G	$10^9 \cdot$ (Milliarde; USA: Billion)
tera	T	$10^{12} \cdot$ (Billion)
peta	P	$10^{15} \cdot$
exa	E	$10^{18} \cdot$

Zeitenheiten:

Sekunde	s;	s^{-1} : pro Sekunde
Stunde	h;	h^{-1} : pro Stunde
Tag	d;	d^{-1} : täglich
Jahr	a;	a^{-1} : jährlich
1 Jahr = 8760 h		
1 Jahr = $31{,}536 \cdot 10^6$ s		

Flächeinheiten:

1 Hektar	ha	$= 10^4\ m^2$
100 ha = 1 km^2		

Volumeneinheiten:

1 gallon (USA)	3,78529 Liter
1 Liter	0,26418 gallon
1 barrel (Fass)	42 gallon (USA)
42 Gallon	158,98 Liter
1 barrel (Gasolin)	135,1245 kg

Energieeinheiten:

1 J =	1 Ws
	1 Ws = 1 J
	1 Wh = 3600 J
	1 kWh = 3,6 MJ
	1 MWh = 3,6 GJ
	1 GWh = 3,6 TJ
	1 TWh = $3,6 \cdot 10^3$ TJ
	1 Wa = $31,536 \cdot 10^6$ J = 31,536 MJ
	1 kWa = $31,5 \cdot 10^9$ J = 31,5 GJ
	1 MWa = $31,5 \cdot 10^{12}$ J = 31,5 TJ = $31,5 \cdot 10^{-6}$ EJ
	1 GWa = 31,5 PJ
1 MJ =	0,2778 kWh
1 GJ =	0,2778 MWh
1 TJ =	0,2778 GWh
1 EJ =	$277,8 \cdot 10^3$ GWh
• 1 Mtoe	(in Millionen Tonnen Öläquivalent)
1 Mtoe	= 11 630 GWh ≈ 41,87 PJ
1 MWh	= 3,6 GJ = $3,6 \cdot 10^{-6}$ PJ = $8,6 \cdot 10^{-8}$ Mtoe
1 GWh	= $8,598 \cdot 10^{-5}$ Mtoe ≈ $8,6 \cdot 10^{-5}$ Mtoe
1 TWh	≈ $8,6 \cdot 10^{-2}$ Mtoe
1 PWh	≈ 86 Mtoe
1 MJ	= $2,4 \cdot 10^{-11}$ Mtoe
1 GJ	= $2,4 \cdot 10^{-8}$ Mtoe
1 TJ	≈ $2,4 \cdot 10^{-5}$ Mtoe
1 PJ	= 0,02388 Mtoe ≈ $2,4 \cdot 10^{-2}$ Mtoe
• 1 t SKE	(1 t Steinkohleeinheit)
1 t SKE	= $29,3 \cdot 10^9$ J = $8,141 \cdot 10^3$ kWh

A.2 **Energiegehalt** *(gross heat of combustion)* und Heizwerte (*net heat of combustion*) von einigen Stoffen

Stoff	**Energieinhalt (Verbrennungswärme)** [MJ/kg]	**Heizwert** [MJ/kg] [MJ/m^3)]
C (Kohlenstoff)	32,8	32,8
H_2 (Hydrogen, Wasserstoff)	141,9	120
CH_4 (Methan)	55,57 (39,8 MJ/m^3)	50,05 (35,8 MJ/m^3)
Ethylalkohol ($C_2H_5O_4$)	29,89	26,96
Methylalkohol (CH_3OH)	22,46	19,5
Antrazit	33,5 – 34,7	26,6 – 33,9
Steinkohle	29,3 – 35,1	27,2 – 34,1
Braunkohle	12,98 – 10,47	8,4 – 11,3
Holz (trocken)	15,9 – 18	14,7 – 16,7
Holz (abgeholzt)	-	12,5
Holz (mit 50 % Feuchte)	~ 10,7	~ 8,4
Benzin	43,9 (32 MJ/Lit.)	42,5 (31 MJ/Lit.)
Diesel	44,4 – 45,6 (37,8 MJ/Lit.)	42,3 – 43,5 (36 MJ/Lit.)
Stroh	-	10 – 16
Klärschlamm	-	6 – 13
Müll	-	3 – 6
Erdgas	-	34,2 MJ/m^3
Biogas (BG) (60 v% CH_4 + 40 % CO_2)	-	17,66 (21,42 MJ/m^3)
ETBE	-	3,5 (26 , 26)

Bemerkungen:

$\rho_{EtOH} = 0{,}789$ g/cm^3
$\rho_{MeOH} = 0{,}792$ g/cm^3
$\rho_{Benzin} = 0{,}73$ g/cm^3 ; $\rho_{Diesel} = 0{,}84$g/cm^3
1 Nm^3 BG = 1,213 kg (0,428 kg CH_4 + 0,785 kg CO_2)
1 mol BG = 27,2 g
1 m^3 CH_4 = 0,713 kg
$\rho_{ETBE} = 0{,}75$ g/cm^3

Definitionen:

- **Verbrennungswärme**: Wärmebildung bei Verbrennung in Sauerstoffüberfluss, wenn die Stoffe in Form wie folgt C → CO_2(g), a S → SO_2(g), a H_2 → H_2O(ℓ) H_2O → H_2O(ℓ) bei 25 °C vorliegen.
- **Heizwert:** s. Verbrennungswärme, wenn H_2O in Form H_2O(g) vorliegt; der Heizwert also ist mit der Kondensationswärme des Wassers *kleiner* als die Verbrennungswärme.

  Die Kondensationswärme des Wassers beträgt:

  10,5195 kcal/mol
  43,9715 kJ/mol
  2,44286 kJ/g H_2O
  ≈ 2440 kJ/kg H_2O

A.3 Primär- bzw. elektrischer Energieverbrauch; installierte elektrische Kapazitäten — weltweit

Im Jahr 2004	el. Energie-verbrauch	Installierte el. Kapazität	Primärenergie Produktion/Jahr		Netto Import
	[TWh]	[MW]	[Mtoe]	[TWh]	[Mtoe]
Weltweit	**15 223**	**3 754 100**	**10 709**	**124 545**	-
OECD (s. A. 4)	9 287	2 241 947	3 802	44 217	1 790
EU 28 gesamt	3 113	757 391	958	11 141	954,7
Übrigen Staaten	1 602	431 109	3 559	41 391	-
EU 28:					
Belgien	87,28	15 751	13,45	156	52,65
Bulgarien	31,02	9 515	10,9	126	9,27
Dänemark	35,57	12 807	28,50	331	-6,94
Deutschland	***569,23***	***129 526***	***134,52***	***1 564***	***213,81***
Estland	7,07	2 432	3,66	42	1,46
Finnland	85,63	16 801	15,9	184	22,71
Frankreich	469,2	116 700	136,32	1 585	137,47
Griechenland	55,61	12 507	9,91	115	22,29
Großbritannien	369,96	79 300	246,38	2 865	-14,59
Irland	24,37	5 727	1,9	22	13,61
Italien	323,96	79 458	27,66	321	154,37
Lettland	k.A.	5 886	k.A.	k.A.	k.A.
Litauen	10,55	2 152	5,23	60	3,95
Luxemburg	7,17	1 700	0,06	0	4,21
Malta	1,94	534	0,0	0	0,91
Niederlande	109,49	21 253	58,47	680	35,68
Österreich	65,82	18 444	10,02	116	23,06
Polen	127,16	31 656	80,63	937	13,71
Portugal	45,77	12 334	4,34	50	22,52
Rumänien	48,28	16 743	28,93	336	9,7
Schweden	137,95	33 551	31,66	368	22,72
Slowakei	26,95	7 777	6,4	74	12
Slowenien	13,6	2 794	3,29	38	3,77
Spanien	239,46	69 691	32,99	383	109,71
Tschechien	61,93	16 088	33	383	11,07
Türkei	117	27 000	23,63	274	56,57

Im Jahr 2004	el. Energie-verbrauch	Installierte el. Kapazität	Primärenergie Produktion/Jahr		Netto Import
	[TWh]	*[MW]*	*[Mtoe]*	*[TWh]*	*[Mtoe]*
Ungarn	36,84	8 276	10,41	121	16,35
Zypern	3,89	988	0,04	0,4	2,7
Afrika	440	103 700	971	11 293	–402
Südafrika	206,4	40 500	154,48	1 796	-32,6
Australien	212,91	48 600	253,53	2 948	-138,8
Brasilien	341,55	86 500	171,14	1 990	25,63
China	1 815	391 400	1 381	16 061	62
Indien	463,34	131 400	455,29	5 295	99,51
Indonesien	94,48	25 000	249,96	2 907	-88,04
Iran	127,19	34 300	265,4	3 086	-128,5
Island	7,99	k.A.	2,46	28	0,95
Japan	997,41	243 500	84,64	984	436,83
Kanada	546,89	118 100	385,29	4 480	–128,7
Korea	335,82	58 800	36,92	429	176,84
Lateinamerika	691	212 200	621	7 222	–144
Mexiko	184,27	49 600	242,51	2 820	-82,61
Norwegen	106,05	26 600	233,20	2 712	-208,2
Neuseeland	35,67	k.A.	13,17	153	4,11
Russland	792,4	215 300	1 106,92	12 873	–456,2
Schweiz	60,12	17 500	12	139	14,94
Ukraine	143,34	52 400	75,54	878	57,02
USA	3 803,32	962 900	1 632,01	18 980	663,36

Quelle: IEA / www.eia.deo.gov / www.eurelectric.org

A.4 Energieproduktion der OECD- (EU28^x-) Länder

Im Jahr 2003	El. Energie [TWh]	Installierte el. Energiekapazität; von diesem MW (Daten 2004)	Wasserkraft Anteil, MW	Primärenergie Produktion [Mtoe/Jahr]
Australien^x	212,91	48 600	7 900	253,53
USA^x	3803,32	962 900	98 400	1632,01
Japan^x	997,41	243 500	22 000	84,64
Kanada^x	546,89	118 100	70 200	385,29
Korea^x	335,82	58 800	1 600	36,92
Mexiko^x	184,27	49 600	9 700	242,51
Norwegen^x	106,05	26 600	26 300	233,20
Island^x	7,99	k.A.	k.A.	2,46
Schweiz^x	60,12	17 500	13 300	12
Neuseeland^x	35,67	k.A.	k.A.	13,17
EU 28:				
Belgien^x	87,28	15 751	1493	13,45
Bulgarien	31,02	9 515	1 800	10,9
Deutschland^x	569,23	129 526	10 425	134,52
Dänemark^x	35,57	12 807	9	28,5
Estland	7,07	2 432	4	3,66
Finnland^x	85,63	16 801	3 014	15,9
Frankreich^x	469,2	116 700	25 400	136,32
Großbritannien^x	369,96	79 300	4 300	246,38
Greichenland^x	55,61	12 507	1 500	9,91
Irland^x	24,37	5 727	532	1,9
Italien^x	323,96	79 458	20 770	27,66
Lettland	k.A	5 886	k.A.	k.A.
Litauen	10,55	2 152	1 561	5,23
Luxemburg^x	9,88	1 700	1 128	0,06
Malta	1,94	534	0	0,00
Niederlande^x	109,49	21 253	37	58,47
Österreich^x	65,82	18 444	11 691	10,02
Portugal^x	45,77	12 334	4 560	4,34
Polen^x	127,16	31 656	2 193	80,63
Rumänien	48,28	16 743	6 200	28,93
Schweden^x	137,95	33 551	16 137	31,66
Slowakei^x	6,4	7 777	2 449	6,4
Slowenien	10,55	2 794	862	3,29
Spanien^x	239,46	69 691	18 511	32,99
Tschechien^x	61,93	16 088	2 147	33
Türkei^x	117	27 000	12 600	23,63
Ungarn^x	36,84	8 276	46	10,41
Zypern	3,89	988	0	0,04
EU gesamt	**3 112,7**	**757 391**	**149 369**	**958,2**
OECD gesamt ^{x}	**9 286,8**	**2 241 947**	**388 342**	**3801,88**
Insgesamt	**9 403,15**	**2 282 991**	**398 769**	**3853,93**

Quelle: IEA / www.eia.deo.gov / www.eurelectric.org

A.5 Elektrische Energie *(Produktion, Export, Import)*

Produzenten	TWh	In [%] der Weltproduktion
USA	3 803	26,5
China	1 776	11,4
Japan	997	6,5
Russland	792	5,2
Deutschland	**569**	**3,6**
Kanada	546	3,5
Frankreich	469	3,0
Indien	463	3,0
Großbritannien	369	2,1
Brasilien	341	2,0
Mexiko	184	1,1
Iran	127	0,7
Die übrigen Staaten	4 787	31,4
Weltweit	**15 223**	**100**
Ehem. Sowjetunion	1 152	7,4
Latein Amerika	691	4,5

Exportländer**	TWh
Frankreich	72
Deutschland	**47**
Paraguay	45
Schweiz	33
Kanada	31
Tschechien	26
USA	24
Russland	22
Dänemark	16
Polen	15
Die übrigen Staaten	217
Weltweit	**548**

Importländer**	TWh
Italien	51
Deutschland	**47**
Brasilien	37
USA	30
Schweiz	30
Kanada	24
Niederlande	24
Schweden	21
Österreich	19
Belgien	15
Die übrigen Staaten	247
Weltweit	**545**

Quelle: IEA, 2005, Daten 2003

** Netto-Export bzw. Import

A.6 Elektrische Energieproduktion durch fossile Energieträger

Kohle	TWh
USA	2 083
China	1 515
Indien	433
Deutschland	**314**
Japan	293
Südafrika	214
Australien	176
Russland	172
Polen	143
Großbritannien	140
Die übrigen Staaten	1 198
Weltweit	**6 681**

Erdöl	TWh
USA	138
Japan	137
Saudi-Arabien	82
Italien	76
Mexiko	71
China	57
Kuwait	32
Korea	32
Indien	29
Indonesien	28
Die übrigen Staaten	470
Weltweit	**1 152**

Erdgas	TWh
USA	670
Russland	407
Japan	252
England	149
Italien	117
Iran	117
Thailand	85
Malaysia	77
Deutschland	**73**
Holland	73
Die übrigen Staaten	1205
Weltweit	**3 225**

Quelle: IEA, 2005, Daten 2003

A.7 Elektrische Energieproduktion auf nuklearer Basis

Produzent	TWh	In [%] der Weltproduktion
USA	780	29,9
Frankreich	430	16,3
Japan	289	11,0
Deutschland	***155***	***5,9***
Korea	139	5,3
Russland	137	5,2
Kanada	87	3,3
Ukraine	83	3,1
Großbritannien	75	2,8
Schweden	69	2,6
Die übrigen Staaten	382	14,6
Weltweit	**2 626**	**100,0**

Installierte nominale Kapazität 2005	GW
USA	98
Frankreich	63
Japan	47
Deutschland	***21***
Russland	21
Korea	17
Kanada	13
Ukraine	13
Großbritannien	12
Schweden	9
China	7
Ungarn	2
Die übrigen Staaten	45
Weltweit	**368**

Quelle: IAEA, Daten von 2005

Prozentualer Anteil der nationalen Elektrizitätserzeugung

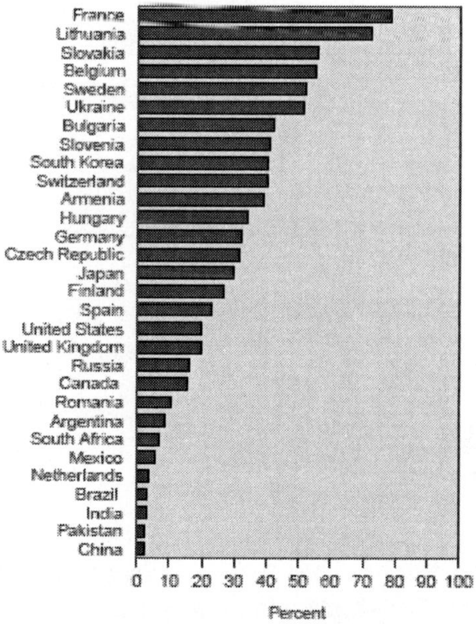

Quelle: International Atomic Energy Agency, Reference Data Series 2, "Power Reactor Information System," web site www.iaea.org/programmes/a2/ (June 2005).

A.7/a Installierte Reaktoren (Daten von 2005)

Land	Installierte Kapazität		Reaktoren im Aufbau		Produzierte Elektrische Energie auf nuk. Basis	
	Reaktoren Anzahl	MW(e)	Anzahl	MW(e)	TWh	% Anteil der ges. el. Energie
Argentinien	2	935	1	692	6,4	6,9
Armenien	1	376			2,5	42,7
Belgien	7	5 824			45,3	55,6
Brasilien	2	1 901			9,9	2,4
Bulgarien	4	2 722	2	1 906	17,3	44,1
Kanada	18	12 599			86,8	14,6
China	9	6 572	3	3000	50,3	2
Tschechien	6	3 368			23,3	30,5
Finnland	4	2 676	1	1 600	22,3	32,9
Frankreich	59	63 363			430,9	78,5
Deutschland	***17***	***20 339***			***154,6***	***31***
Ungarn	4	1 755			13	37,2
Indien	15	3 040	8	3 602	15,7	2,8
Iran			1	915		
Japan	55	47 593	1	866	289,7	29,3
Korea	20	16 810			139,3	44,7
Litauen	1	1 185			10,3	69,6
Mexiko	2	1 310			10,8	5
Niederlande	1	449			3,8	3,9
Pakistan	2	425	1	300	2,4	2,8
Rumänien	1	655	1	655	5,1	8,6
Russland	31	21 743	4	3 775	137,3	15,8
Slowakei	6	2 442			16,3	56,1
Slowenien	1	656			5,6	42,4
Südafrika	2	1 800			12,2	5,5
Spanien	9	7 588			54,7	19,6
Schweden	10	8 910			69,5	44,9
Schweiz	5	3 220			22,1	32,1
Ukraine	15	13 107	2	1 900	83,3	48,5
Großbritannien	23	11 852			75,2	19,9
USA	103	98 145			780,5	19,3
Total*	**441**	**368 264**	**27**	**21 811**	**2625,9**	**16**

* Total beinhaltet die folgenden Daten von Taiwan und China
- 6 Anlagen 4904 MW(e) im Betrieb; 2 Anlagen 2600 MW(e) im Aufbau
- 38,4 TWh produzierte el. Energie, das repräsentiert 20,3%.

Quelle: IAEA`s Power Reactor Information System (www.iaea.org/programmes/a2/index.html)

A.8 Elektrische Energieproduktion durch Wasserkraftwerke

Produzent	TWh	Anteil der Weltproduktion [%]
USA	442,8	13,3
China	427	12,8
Kanada	315,9	9,49
Brasilien	305,1	9,16
Russland	202,5	6,09
Indien	133,2	4
Norwegen	118,3	3,56
Japan	99	2,98
Afrika	94,9	2,85
Frankreich	94	2,83
Venezuela	56,2	1,68
Iran	19,8	0,59
Lateinamerika insg.	549,9	16,52
Die übrigen Staaten	830,9	24,99
Weltweit	**3 328,2**	**100**

Installierte nominale Kapazität	GW
USA	98,4
China	94,9
Kanada	70,2
Brasilien	67,8
Russland	45,0
Indien	29,6
Norwegen	26,3
Japan	22,0
Frankreich	20,9
Venezuela	12,5
Die übrigen Staaten	252
Weltweit	**739,6**

Länder	Wasserkraft Anteil der Landesproduktion [%]
Norwegen	98,8
Brasilien	83,8
Venezuela	66,0
Kanada	57,5
Russland	17,2
China	14,9
Indien	11,9
Frankreich	11,4
Japan	9,9
USA	7,5
Die übrigen Staaten	15,2
Weltweit	**16,3**

Quelle: IEA (Daten von 2003) /EIA (Daten von 2004)

A.9 Kohleproduktion, Export, Import

Produzent	Steinkohle [Mt]	Braunkohle [Mt]
China	1 956	*
USA	933	76
Indien	373	29
Australien	285	69
Südafrika	238	0
Russland	210	70
Polen	129	0
Indonesien	100	61
Ukraine	83	4
Kasachstan	62	0
Deutschland	***55***	*
Lateinamerika insg.	*44*	*
Kanada	35	*
Brasilien	2	*
Iran	k.A	k.A.
Die übrigen Staaten	124	570
Weltweit	**4 629**	**879**

* in Steinkohle eingerechnet

Exporteure	Steinkohle (Nettoexport) [Mt]
Australien	218
Indonesien	107
China	87
Südafrika	66
Russland	65
Kolumbien	52
USA	43
Kanada	27
Kasachstan	22
Polen	20
Die übrigen Staaten	48
Weltweit	**755**

Importeure	Steinkohle (Nettoexport) [Mt]
Japan	**183**
Korea	79
Chinesische Taipeh	60
Deutschland	**39**
Großbritannien	36
Indien	31
Italien	25
USA	25
Spanien	24
Niederlande	23
Die übrigen Staaten	229
Weltweit	**754**

Quelle: IEA (Daten von 2004)

A.10 Die größten Kohlereserven

Land	Abbaubar [Gt]	Potentielle Reserven [Gt]
USA	246	1140
Russland	157	5200
China	114	1330
Indien	92	114
Australien	78	710
Deutschland	***67***	***186***
Südafrika	48	?
Kasachstan	31	?
Polen	14	121
Indonesien	4	?
Pakistan	3	?
Die übrigen Staaten	827	?
Weltweit	**882**	**?**

Die Verteilung der nachgewiesenen Kohlereserven

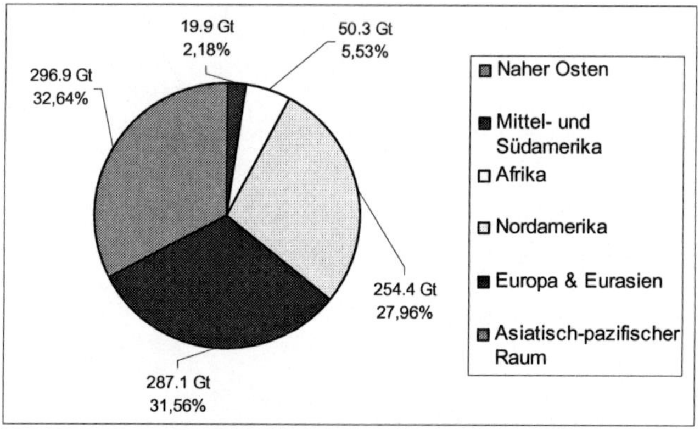

Quelle: BP Statistical Review 2005

A.11 Erdölproduktion, Nettoexport, Nettoimport

Produzent	**Mt/a**	**In [%] der Weltproduktion**
Saudi-Arabien	492	12,6
Russland	456	11,9
USA	337	8,8
Iran	203	5,3
Mexiko	192	4,9
China	174	4,5
Indien	158	4,1
Venezuela	153	3,9
Norwegen	151	3,8
Kanada	125	3,2
Nigeria	123	3,1
Brasilien	76	1,9
Die übrigen Staaten	1248	32
Weltweit	**3 888**	**100**
Lateinamerika insg.	*334*	*8,5*
Afrika insg.	*456*	*11,7*

Nettoexport*	**Mt/a**
Saudi-Arabien	333
Russland	228
Norwegen	135
Iran	116
Nigeria	112
Mexiko	105
Venezuela	90
Vereinigte Arabische Emirate	88
Kanada	83
Großbritannien	75
Die übrigen Staaten	648
Weltweit	**2 013**

Nettoimport*	**Mt/a**
Großbritannien	545
Japan	209
Korea	108
Deutschland	***106***
Italien	92
China	91
Indien	90
Frankreich	85
Spanien	58
Niederlande	57
Die übrigen Staaten	674
Weltweit	**2 115**

* Erdöl- und Petroleum-Produkte

Quelle: IEA Daten von 2004

A.12 Die größten Erdölreserven

Länder	Reserven [Mt]
Saudi-Arabien*	363
Iran*	189
Irak*	155
Kuwait*	140
Vereinigte Arabische Emirate*	130
Venezuela*	115
Russland	102
Kasachstan	54
Libyen*	51
Nigeria*	48
USA	36
Kanada	23
China	22
Mexiko	19
Algerien*	15
Brasilien	16
Norwegen	13
Aserbaidschan	10
Indonesien*	6
Die übrigen Staaten	**129**
Weltweit	**1 636**
OECD total	106
OPEC total (* OPEC- Länder)	1 232
Ehemalige Sowjetunion	168

Die Verteilung der nachgewiesenen Erdölreserven

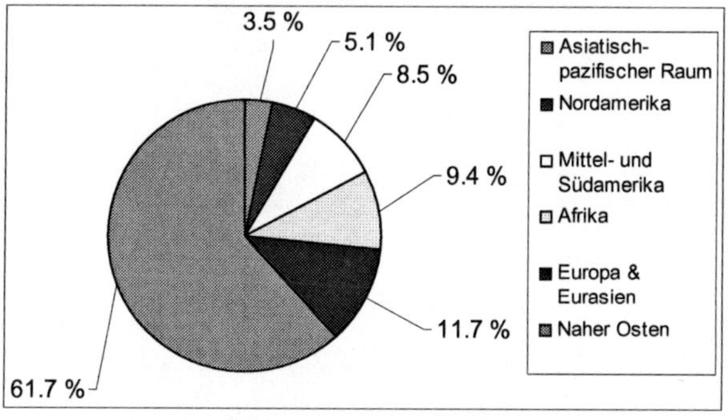

Quelle: BP Statistical Review 2005

A.13 Erdgasproduktion, Nettoexport, Nettoimport

Produzent	Mm^3	Anteil der Weltproduktion in [%]
Russland	620 095	22,2
USA	531 951	19
Kanada	182 564	6,5
Großbritannien	101 182	3,6
Algerien	88 337	3,2
Niederlande	85 983	3,1
Norwegen	82 340	2,9
Iran	81 332	2,9
Indonesien	79 498	2,8
Saudi-Arabien	63 999	2,3
China	50 000	1,4
Indien	30 400	1
Brasilien	11 400	0,4
Die übrigen Staaten	785 435	28,7
Weltweit	**2 794 516**	**100**
Lateinamerika insg.	**135 600**	**4,8**
Afrika insg.	**163 000**	**5,8**

Nettoexporteure	Mm^3
Russland	194 832
Kanada	103 083
Norwegen	75 858
Algerien	64 544
Niederlande	53 560
Turkmenistan	44 090
Indonesien	38 593
Malaysia	25 460
Katar	24 420
USA	24 188
Die übrigen Staaten	139 542
Weltweit*	**788 170**

Nettoimporteure	Mm^3
USA	120 587
Deutschland	**90 109**
Japan	81 225
Italien	67 908
Ukraine	54 428
Frankreich	43 978
Korea	28 929
Spanien	26 951
Türkei	21 732
Belarus	19 643
Die übrigen Staaten	238 879
Weltweit*	**794 369**

* Inbegriffen: Export-Import innerhalb der GUS-Staaten

** Von diesem $40 \cdot 10^9 m^3$ nach Deutschland (2005)

Quelle: IEA Daten von 2004

A.14 Die größten Ergasreserven

Land	Reserven [Tm³]
Russland	47,82
Iran	26,74
Katar	25,78
Saudi-Arabien	6,09
Vereinigte Arabische Emirate	6,04
USA	5,45
Nigeria	5,23
Algerine	4,58
Venezuela	4,32
Indonesien	2,76
Australien	2,52
Malaysia	2,48
Norwegen	2,41
China	2,35
Kanada	1,59
Kuwait	1,57
Holland	1,41
Mexiko	0,41
Die übrigen Staaten	**30,28**
Weltweit	**179,83**

Die Verteilung der nachgewiesenen Erdgasreserven

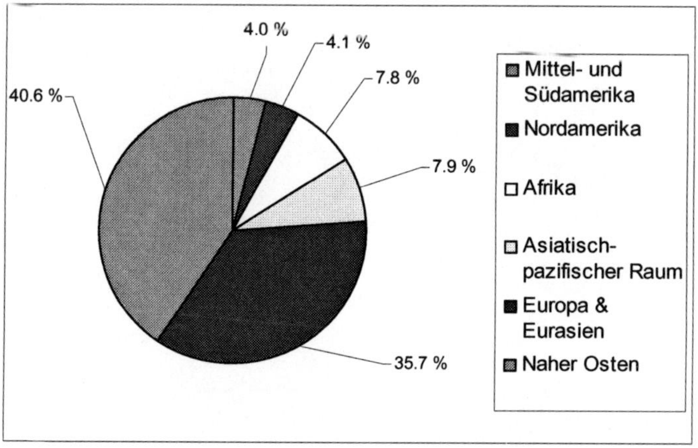

Quelle: BP Statistical Review 2005

A.15 Die größten Uranreserven

Länd	Abbaubare Reserven [kt]	Erwartete Reserven [kt]	Mögliche Reserven [kt]
Australien	710	194	
Kasachstan	598	259	810
Kanada	381	73	850
USA	366		2612
Südafrika	258	75	
Namibia	191	107	
Brasilien	162	100	620
Nigeria	87	6	
Ukraine	81	50	231
Westeuropa	72		
Mongolei	62	21	1307
Russland	476	5 000	
China	191	2 000	

Die abbaubaren Uranreserven

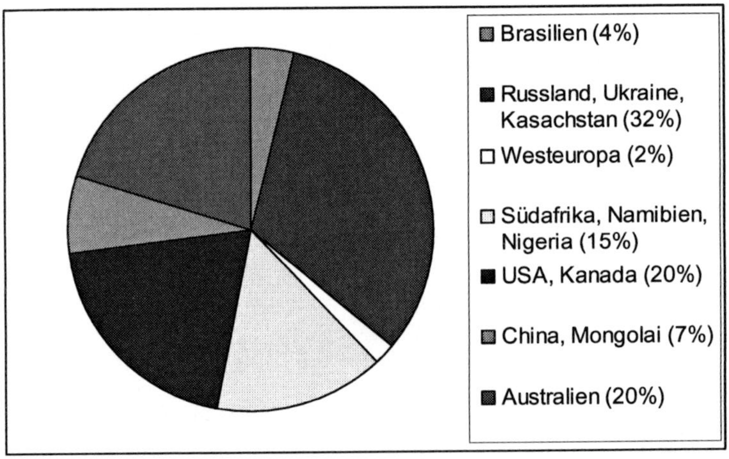

Quelle: BP Statistical Review 2005

A.16 Benzin- und Dieselverbrauch / Jahr

Länder	2004		2005	
	Benzin*	Diesel**	Benzin*	Diesel**
	Mt		Mt	
Nordamerika total	**498,3**	**326,6**	**499,3**	**326**
USA	416,5	273,2	416,5	272
Kanada	44,3	28,9	44,1	28,8
Mexiko	37,5	24,5	38,7	25,2
Süd- und Zentralamerika total	**55,2**	**85**	**56,8**	**86,8**
Argentinien	4,7	7,3	5,1	7,8
Brasilien	20,9	32	21,4	32,6
Chile	2,8	4,4	3	4,6
Kolumbien	2,5	3,9	2,6	4
Ecuador	1,6	2,5	1,6	2,5
Peru	1,8	2,8	1,6	2,5
Venezuela	6,1	9,4	6,5	9,9
Andere	14,8	22,7	15	22,9
Europa / Eurasien total	**214,61**	**402,5**	**216,1**	**404,9**
Österreich	3,1	5,7	3,2	5,9
Azerbaijan	1	1,9	1,1	2,1
Belarus	1,7	3,2	1,5	2,8
Belgien / Luxemburg	8,8	16,5	9	16,9
Bulgarien	1	1,9	1,1	2,1
Tschechien	2,1	4	2,2	4,2
Dänemark	2	3,9	2	3,9
Finnland	2,4	4,5	2,5	4,7
Frankreich	21,6	40,4	21,4	40
Deutschland	***28,5***	***53,3***	***27,9***	***52,2***
Griechenland	4,8	9,1	4,8	8,9
Ungarn	1,44	2,7	1,6	3
Island	0,2	0,4	0,2	0,4
Irland	2	3,8	2,1	4
Italien	20,6	38,5	19,8	37,1
Kasachstan	2	3,8	2,3	4,3
Litauen	0,5	1,1	0,6	1,1
Niederlande	10,6	19,8	11,4	21,3
Norwegen	2,2	4,1	2,2	4,2
Polen	4,8	9	5	9,4

** In de BP Statistik als light distillate*

*** in der BP Statistik als middle distillate bezeichnet; davon 55% Treibstoff, 45% für andere Zwecke*

Länder	2004		2005	
	Benzin*	Diesel**	Benzin*	Diesel**
	Mt		Mt	
Portugal	3,5	6,6	3,5	6,6
Rumänien	2,5	4,6	2,5	4,8
Russland	29,5	55,5	29,9	55,9
Slowakei	0,7	1,3	0,8	1,5
Spanien	17,8	33,3	18,1	33,8
Schweden	3,51	6,5	3,4	6,4
Schweiz	2,76	5,1	2,8	5,2
Türkei	7,3	13,7	6,9	12,9
Großbritannien	18,7	35,1	19	35,6
Usbekistan	1,7	3,2	1,8	3,3
Andere	5,3	10	5,5	10,4
Naher Osten total	**54,4**	**80,5**	**56,6**	**83,7**
Iran	15,6	23,1	16,4	24,3
Kuwait	2,8	4,2	3	4,4
Katar	0,6	0,9	0,6	1
Saudi-Arabien	17,5	25,9	18,3	27
Vereinigte Arabische Emirate	3,6	5,3	3,8	5,6
Andere	14,3	21,1	14,5	21,4
Afrika total	**28,4**	**53,2**	**29,6**	**55,4**
Algerien	2,4	4,5	2,5	4,8
Ägypten	6,1	11,5	6,7	12,5
Südafrika	5,7	10,6	5,7	10,6
Andere	14,2	26,6	14,7	27,5
Pazifisches Asien total	**293**	**402**	**297,2**	**407,5**
Australien	10,4	14,3	10,7	14,6
Bangladesch	1	1,4	1	1,4
China	86,1	117,9	88,3	121,1
Indien	32,4	44,4	31,2	42,8
Indonesien	14,7	20,2	14,9	20,4
Japan	65,1	89,3	65,9	90,3
Malaysia	6,1	8,4	5,9	8,1
Neuseeland	1,9	2,6	1,9	2,6
Pakistan	4,3	5,9	4,6	6,4
Philippinen	4,1	5,7	3,9	5,2
Singapur	10,2	14	11,3	15,6
Südkorea	28,3	38,8	28,4	39
Taiwan	11,2	15,4	11,2	15,4
Thailand	11,8	16,2	12,3	16,8
Andere	5,4	7,5	5,7	7,8
Welt Total	**1 143,91**	**1 349,8**	**1 155,6**	**1 364,3**

A.17 Abkürzungen

a)	**DoE:**	Department of Energy (USA)
	FAO:	Food and Agriculture Organisation of the United Nations (UNO)
	GDP:	Gross domestic products
	PPP:	Purchasing power parity
	2000 PPP:	PPP basiert auf den Preis- und Einkommensdaten im Jahre 2000
	GNP:	Gross national products
	IEA:	International Energy Agency (OECD Organisation)
	WEC:	World Energy Council (UNO)

ALLGEMEINE LITERATUR

- Shell International Limited: Energy Needs, choices and possibilities (Scenarious to 2050), 2001.
- IEA (International Energy Agency): Key World Energy Statistic, Ed. 2002, 2004.
- IEA: World Nuclear Year Review Nov. 2003.
- WEC (World Energy Council): Energy Perspectives to 2050, London WEC
- Claus Bliefert: Umweltchemie, VCH Verlag, 1994.
- J. Laramie, A. Dicks: Fuel Cell Systems Explained. John Wiley and Sons Ltd. 2000.
- K. Hassmann et. al. (Siemens-Westinghouse): Die festkeramische Hochtemperatur – Brennstoffzellen; (tubular solid oxide FC). BWK 51, p. 40-47 (1999)
- „Hot-Module". Schweizer Maschinenmarkt Nr. 22, p. 56-58 (2001)
- BP (Statistical Rewiew 2005)
- International Geothermal Association (Geo- World)

Spezielle Webseiten:

- Reserven: www.bp.com
- Kapazitäten: www.eia.doe.gov / www.eurelectric.org

- Windenergie: www.wwindea.org/home

  www.awea.org

  www.ewea.org

  www.wasp.dk

- Geothermie: www.iga.igg.cnr.it/geoworld/geoworld.php?sub=duses

  www.bine.info

  www.ises.org

  www.gga-hannover.de

  www.sanner-geo.de

  www.geophysik.rwth-aachen.de

  www.german-renewable-energy.com